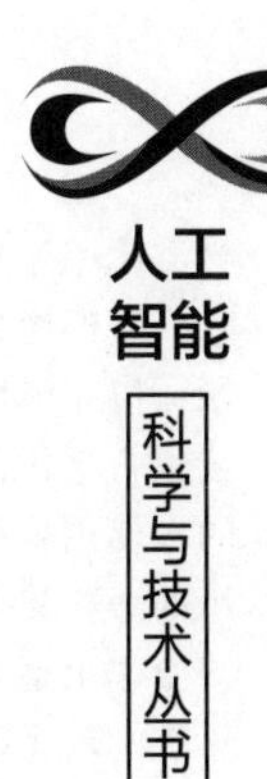

深度学习

图像检索原理与应用

张富凯◎著

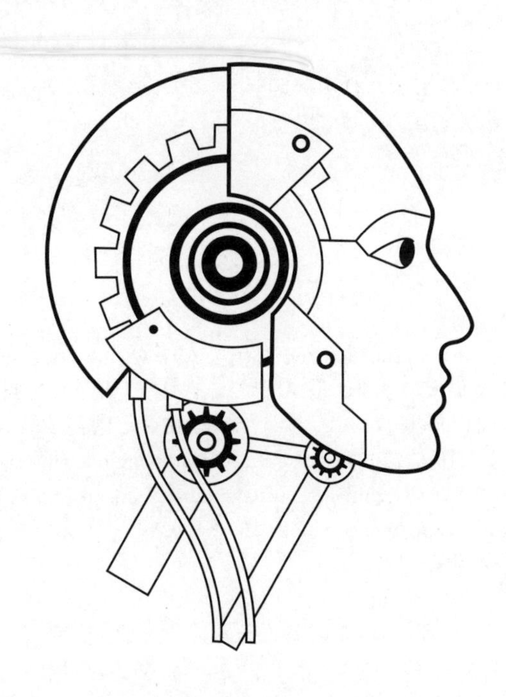

清華大學出版社
北京

内 容 简 介

本书系统论述深度学习图像检索的原理与应用。全书共分为两篇：第一篇图像检索基础（第1～3章），介绍图像检索技术、深度学习基础、基于深度学习的图像检索方法；第二篇图像检索应用（第4～8章），以车辆图像为研究对象，深入详细地讲述基于深度神经网络的快速车辆图像检测方法、基于迁移学习场景自适应的车辆图像检索方法、基于多视角图像生成的车辆图像检索方法、基于车牌图像超分辨率重建的车辆图像检索方法、多模型融合的渐进式车辆图像检索方法。附录A和附录B分别提供本书实验所使用的数据集和源代码。

本书适合作为从事深度学习图像检索技术研究的科技工作者、专业技术人员、高校教师、研究生及高年级本科生的参考用书。

图书在版编目（CIP）数据

深度学习：图像检索原理与应用/张富凯著. —北京：清华大学出版社，2022.5
（人工智能科学与技术丛书）
ISBN 978-7-302-60249-1

Ⅰ. ①深…　Ⅱ. ①张…　Ⅲ. ①机器学习—应用—图像数据库—信息检索　Ⅳ. ①TP181 ②G254.927

中国版本图书馆CIP数据核字（2022）第035965号

责任编辑：盛东亮　钟志芳
封面设计：李召霞
责任校对：李建庄
责任印制：丛怀宇

出版发行：清华大学出版社
　　网　　址：http://www.tup.com.cn，http://www.wqbook.com
　　地　　址：北京清华大学学研大厦A座　　**邮　　编**：100084
　　社 总 机：010-83470000　　**邮　　购**：010-62786544
　　投稿与读者服务：010-62776969，c-service@tup.tsinghua.edu.cn
　　质量反馈：010-62772015，zhiliang@tup.tsinghua.edu.cn
　　课件下载：http://www.tup.com.cn，010-83470236
印 装 者：天津鑫丰华印务有限公司
经　　销：全国新华书店
开　　本：186mm×240mm　　**印　　张**：10.75　　**字　　数**：241千字
版　　次：2022年7月第1版　　**印　　次**：2022年7月第1次印刷
印　　数：1～1500
定　　价：59.00元

产品编号：094849-01

前言

PREFACE

深度学习对解决图像检索问题有着不可替代的优势。本书将理论与实践结合，以城市道路中跨摄像头、跨场景下的车辆图像检索问题贯穿全文，深入讲解深度学习中物体识别、目标检测、迁移学习、图像生成、超分辨率重建、多模型融合等算法原理，以及这些算法在车辆图像检索中的应用实践，有助于拓宽读者的研究思路并提升解决实际问题的能力。

本书旨在探索多种深度学习算法从不同角度解决图像检索问题的有效性，实用性强，可帮助读者快速入门、掌握、实践前沿的图像检索任务，适用于从事深度学习图像检索技术及应用研究的相关人员阅读。

本书共8章，分为两篇。第一篇为图像检索基础，包括第1～3章。第1章介绍图像检索技术的研究背景、研究内容以及研究方法；第2章讲述神经网络的相关知识、深度学习的主要算法原理以及常用的深度学习框架；第3章介绍深度学习在图像检索中的最新研究进展。第二篇为图像检索应用，包括第4～8章，重点讲述基于深度学习的车辆图像检索任务，是本书的核心内容。第4章介绍一种基于连接-合并卷积神经网络的快速车辆检测方法，是车辆图像检索的前期工作；第5章研究一种基于迁移学习场景自适应的车辆图像检索方法，通过转换源域与目标域车辆图像之间的风格，实现跨域场景下的车辆图像检索；第6章讲述一种基于多视角图像增强的车辆图像检索方法，通过生成对抗网络将单一视角的车辆图像转换成多个视角的相同身份的车辆图像，利用增强的车辆特征，提升车辆图像检索的性能；第7章介绍一种基于车牌图像超分辨率重建的车辆图像检索方法，通过车牌检测、车牌图像超分辨率重建、车牌验证等过程，显著提升车辆图像检索的效果；第8章探索一种多模型融合的渐进式车辆图像检索框架，将车辆检测模型和多个车辆检索模型相结合，形成由粗到细的渐进式的车辆图像检索方法。

本书的出版得到河南省重点研发与推广专项(科技攻关)项目(222102240045)、河南省高等学校重点科研项目(22A520028)、河南省高校基本科研业务费专项项目(NSFRF210342)、河南理工大学博士基金(B2021-39)、河南理工大学高等学校教育教学改革研究与实践项目(2021JG099)的资助。

诚挚感谢中国矿业大学(北京)杨峰教授，中国矿业大学袁冠教授，河南理工大学沈记全教授、孙君顶教授、于金霞教授、赵珊教授的宝贵建议和耐心指导，感谢清华大学出版社盛东亮老师对本书的大力支持和无私帮助。

由于作者水平有限，书中难免有疏漏和不足之处，恳请读者批评指正！

作　者

2022年4月

目录

CONTENTS

第一篇 图像检索基础

第二篇 图像检索应用

第一篇　图像检索基础

第一篇系统介绍图像检索技术、深度学习基础以及基于深度学习的图像检索方法。本篇各章内容编排如下：

第1章　绪论

首先，介绍图像检索的研究背景；其次，总结图像检索的主要研究内容，包括图像检索的分类、图像检索的技术路线、图像检索的评价指标以及图像检索的技术难点；最后，从3方面对比图像检索的研究方法，包括基于手工描述符的图像检索、基于距离度量学习的图像检索以及基于深度学习的图像检索。

第2章　深度学习基础

首先，介绍神经网络的相关知识，包括神经元模型、感知器和神经网络、误差反向传播算法以及常见的神经网络模型；其次，介绍主要的深度学习算法，包括卷积神经网络、自动编码器、生成对抗网络以及循环神经网络；最后，总结常用的深度学习框架。

第3章　基于深度学习的图像检索

主要介绍深度学习在图像检索中的最新研究进展，包括基于卷积神经网络的图像检索、基于生成对抗网络的图像检索、基于注意力机制的图像检索、基于循环神经网络的图像检索以及基于强化学习的图像检索。

第1章 绪论

CHAPTER 1

中国是世界上视频监控发展速度最快的国家，在一线大城市已经可以实现监控摄像头100%全覆盖。据来自行业调查公司IHS Markit的最新预测，到2021年底全球将部署10亿个监控摄像头，其中中国在公共和私人领域(包括机场、火车站和街道)的监控摄像头数量将达到5.6亿多个，占全球安装监控摄像头的最大份额。

大规模的监控图像和视频数据被存储下来，为图像技术的应用实现提供了数据保障。例如，我国机动车保有量的不断增加以及城市道路交通需求的不断扩大，带动了城市建设和经济效益的快速发展，同时无形中也带来了许多交通事件，这引起了全国人民和政府的广泛关注。在频发的交通事故中，多数事故是因为机动车辆违法违规行驶，如未按规定让行、违反交通信号灯、超速行驶、违法倒车、违法变道占道、逆向行驶以及行驶中抛撒垃圾等妨碍安全行车的违法行为。为了快速检测并处理道路上发生的交通事件、甚至跟踪违规车辆的行驶轨迹，减少由于交通事件所带来的人员伤亡、财产损失，以及犯罪嫌疑人逃跑等影响，如何利用图像检索技术准确、快速地对违规车辆进行跟踪，成为全国乃至世界都重点关注的热点问题，如图1-1所示。同时，图像检索技术对国民经济发展、社会公共安全和智慧城市建设具有重大意义。

近些年，众多科研力量的投入使得图像检索领域的先进技术获得了迅速的发展，每年都会有与图像检索相关的科研成果发表在计算机视觉、人工智能等领域的国际顶级会议和国际顶级期刊上。计算机视觉的三大国际顶级会议是国际计算机视觉与模式识别会议(International Conference on Computer Vision and Pattern Recognition，CVPR)、国际计算机视觉大会(International Conference on Computer Vision，ICCV)和欧洲计算机视觉国际会议(European Conference on Computer Vision，ECCV)。主流的国际顶级期刊有*IEEE Transactions on Pattern Analysis and Machine Intelligence*、*IEEE Transactions on Multimedia*、*IEEE Transactions on Intelligent Transportation Systems*、*IEEE Transactions on Image Processing*等。

图 1-1 利用图像检索技术追踪违规车辆的运动轨迹

1.1 图像检索技术概述

图像检索技术涉及数据库管理、计算机视觉、图像处理、模式识别、信息检索和认知心理学等诸多学科，其相关技术主要包括图像数据模型、特征提取方法、索引结构、相似性度量、查询表达模式、检索方法等。

1.1.1 图像检索的分类

图像检索按照描述图像内容方式的不同可以分为两类：一类是基于文本的图像检索(Text-Based Image Retrieval，TBIR)；另一类是基于内容的图像检索(Content-Based Image Retrieval，CBIR)。

基于文本的图像检索方法始于 20 世纪 70 年代，它利用文本标注的方式对图像中的内容进行描述，从而使每幅图像形成描述这幅图像内容的关键词，例如图像中的物体、场景等，这种标注方式可以是人工标注，也可以通过图像识别技术进行半自动标注。在进行检索时，用户可以根据自己的兴趣提供查询关键词，检索系统根据用户提供的查询关键词找出那些标注有该查询关键词对应的图片，最后将查询的结果返回给用户。这种基于文本描述的图像检索方式由于易于实现，且在标注时有人工介入，所以其查准率也相对较高。在现在的一些中小规模图像搜索 Web 应用上仍有使用，但是这种基于文本描述的方式所带来的缺陷也是非常明显的。首先，这种基于文本描述的方式需要人工介入标注过程，使得它只适用于小规模的图像数据，在大规模的图像数据上要完成这一过程需要耗费大量的人力与财力；其次，“一图胜千言”，对于精确检索任务，用户有时很难用简短的关键词来描述出自己真正想要获取的图像；最后，人工标注过程不可避免地会受到标注者的认知水平、语言使用以及主观判断等影响，因此会造成文字描述图像的差异。

随着图像数据的快速增长，针对基于文本的图像检索方法日益凸现的问题，1992年美国国家科学基金会就图像数据库管理系统新发展方向达成共识，即表示索引图像信息的最有效方式应该是基于图像内容自身的。自此，基于内容的图像检索技术便逐步建立起来，并在近十多年来迅速发展。典型的基于内容的图像检索基本框架如图1-2所示，它利用计算机对图像进行分析，建立图像特征矢量描述并存入图像特征库，当用户输入一张查询图像时，用相同的特征提取方法获得查询图像的特征向量，然后在某种相似性度量准则下计算查询图像特征向量与图像特征库中两两图像特征之间的相似度，最后按相似度大小进行排序并顺序输出对应的图像。基于内容的图像检索技术将图像内容的表达和相似性度量交给计算机进行自动处理，克服了采用文本进行图像检索所面临的缺陷，并且充分发挥了计算机擅长计算的优势，大大提高了检索的效率，从而为海量图像库的检索开启了新的大门。不过，其缺点也是存在的，主要表现为特征描述与高层语义之间存在的难以填补的语义鸿沟，并且这种语义鸿沟是不可消除的。

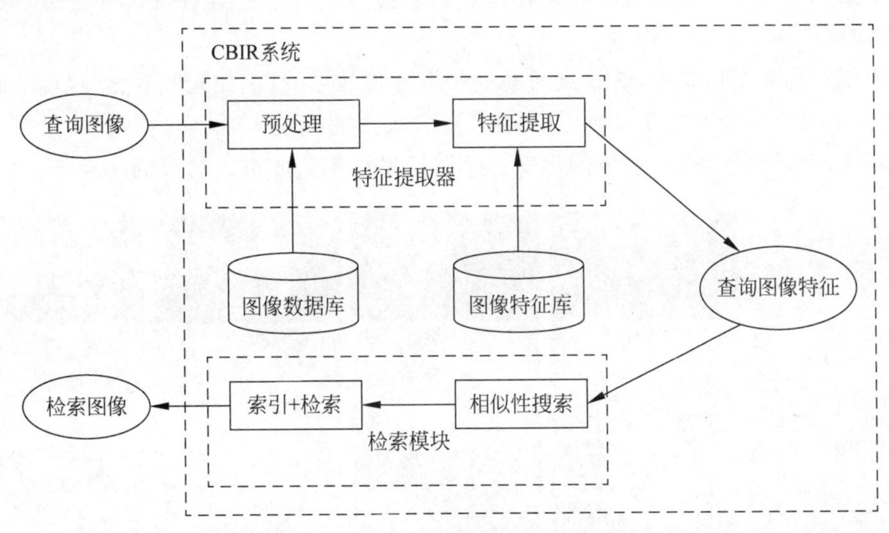

图1-2　基于内容的图像检索基本框架

基于内容的图像检索技术在电子商务、皮革纺织、版权保护、医疗诊断、公共安全、街景地图等工业领域具有广阔的应用前景。在电子商务方面，谷歌的Goggle Shopping、阿里巴巴的拍立淘等闪拍购物应用允许用户抓拍图像上传至远程服务器端，在服务器端运行图像检索应用从而为用户找到相同或相似的衣服并提供购买店铺的链接；在皮革纺织工业中，皮革布料生产商可以将样板拍成图像，当衣服制造商需要某种纹理的皮革布料时，可以检索图像库中是否存在相同或相似的皮革布料，使皮革布料样本的管理更加便捷；在版权保护方面，提供版权保护的服务商可以应用图像检索技术进行商标是否已经注册的认证管理；在医疗诊断方面，医生通过检索医学影像库找到多个病人的相似部位，从而可以协助医生做病情的诊断。基于内容的图像检索技术已经深入到了许许多多的领域,为人们的生产生活提供了极大的便利。

本书后续提到的图像检索技术均为基于内容的图像检索。基于内容的图像检索包括相同物体图像检索和相同类别图像检索,检索任务分别为检索同一个物体的不同图像和检索同一个类别的图像。

1. 相同物体图像检索

相同物体图像检索是指查询图像中的某一物体,从图像库中找出包含该物体的图像。这里用户感兴趣的是图像中包含的特定物体或目标,并且检索到的图像应该是包含该物体的那些图像。如图 1-3 所示,给定一幅“蒙娜丽莎”的画像,相同物体检索的目标就是要从图像库中检索出那些包含“蒙娜丽莎”人物的图像,在经过相似性度量排序后将这些包含“蒙娜丽莎”人物的图像尽可能地排在检索结果的前面。相同物体检索在英文文献中一般称为物体检索(Object Retrieval),近似样本搜索或检测(Duplicate Search or Detection)也可以归类于相同物体的检索,并且相同物体检索方法可以直接应用到近似样本搜索或检测上。相同物体检索不论是在学术研究中还是在商业图像搜索产业中都具有重大的价值,例如人脸检索、在购物应用中搜索服饰等。

对于相同物体图像检索,在检索时易受拍摄环境的影响,例如光照变化、尺度变化、视角变化、遮挡以及背景杂乱等都会对检索结果造成较大的影响,如图 1-3 所示。此外,对于非刚性的物体,在进行检索时,物体的形变也会对检索结果造成很大的影响。

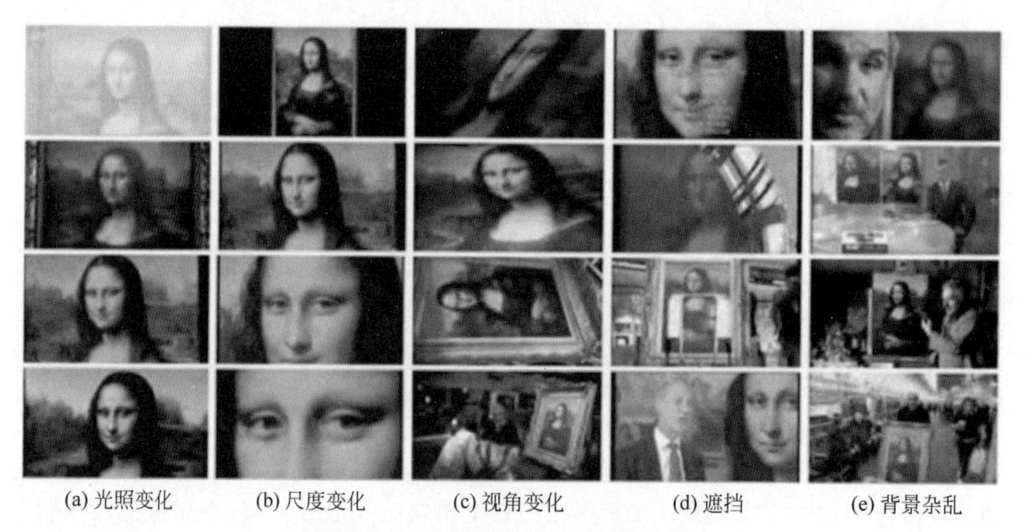

图 1-3　相同物体图像检索面临的挑战

2. 相同类别图像检索

对给定的查询图像,相同类别图像检索的目标是从图像库中查找出那些与给定查询图像属于同一类别的图像。这里用户感兴趣的是物体、场景的类别,即用户想要获取的是那些具有相同类别属性的物体或场景的图像。为了更好地区分相同物体检索和相同类别检索这两种检索方式，仍以图 1-3 所举的“蒙娜丽莎”为例，用户如果感兴趣的就是“蒙娜丽莎”这幅画，那么检索系统此时工作的方式应该是以相同物体检索的方式进行检索，但如果用户感兴趣的并不是“蒙娜丽莎”这幅画本身，而是“画像”这一类图片，也就是说，用户已经对这幅画进行了类别概念的抽象，那么此时检索系统应该以相同类别检索的方式进行检索。相同类别图像检索目前已广泛应用于图像搜索引擎、医学影像检索等领域。

对于相同类别图像检索，面临的主要问题是属于同一类别的图像类内变化大，而不同类别的图像类间差异小。如图 1-4(a)所示，对于“湖泊”这一类图像，属于该类别的图像在表现形式上存在很大的差异，而对于图 1-4(b)所示的“dog”类和“woman”类两张图像，虽然它们属于不同的类，但如果采用低层的特征去描述，例如颜色、纹理以及形状等特征，其类间差异非常小，直接采用这些特征是很难将两者分开的，因此相同类别图像检索在特征描述上存在着较大的类内变化和较小的类间差异等挑战。

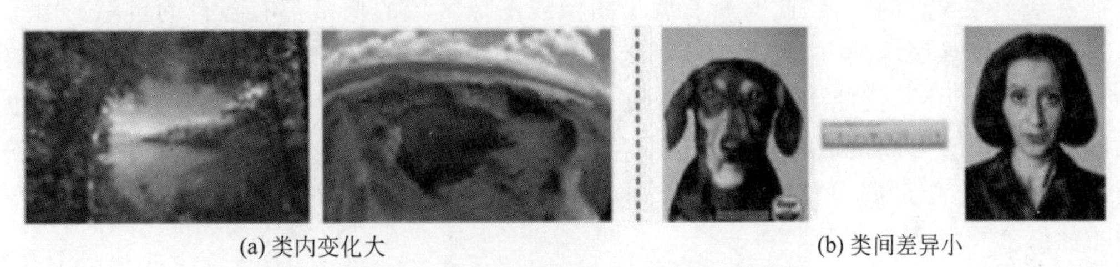

(a) 类内变化大　　(b) 类间差异小

图 1-4　相同类别图像检索面临的挑战

1.1.2　图像检索的技术路线

图像检索是利用计算机视觉技术判断图像或者视频序列中是否存在特定图像的技术，研究工作主要包括图像检测、特征提取、相似度计算以及图像索引等几部分内容，研究的技术路线如图 1-5 所示。

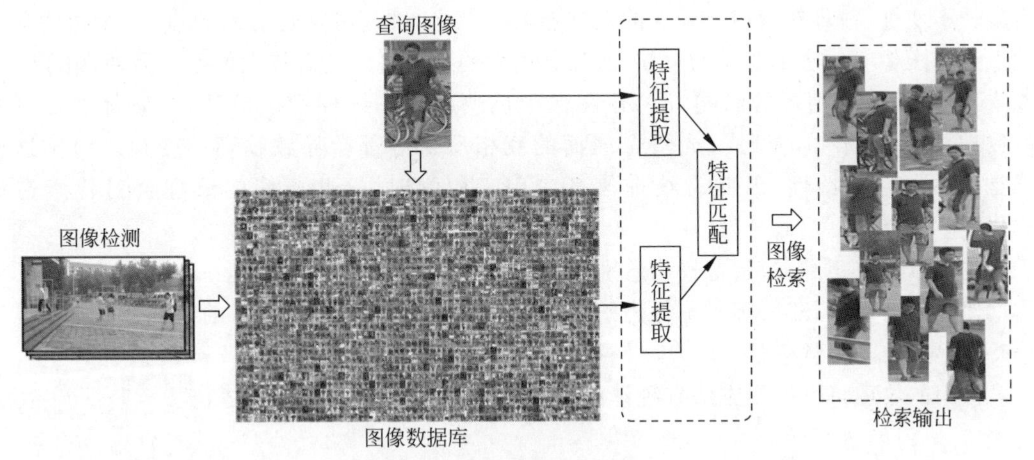

图 1-5　图像检索的技术路线

1. 图像检测

图像检测即目标检测，是图像检索的前置工作，在实际应用中用于构建图像检索数据库。常用的图像目标检测方法有 R-CNN、Fast R-CNN、Faster R-CNN、FPN、YOLO、SSD、R-FCN、YOLO9000、DCN、RetinaNet、Mask R-CNN、YOLOv3、RefineDet、Cascade R-CNN、CornerNet、FSAF、ExtremeNet、NAS-FPN、FCOS、CenterNet、DetNAS、YOLOv4、YOLOv5 等，如图 1-6 所示，其中方框标注的是基于区域的二阶段图像检测方法，其余的是基于回归的一阶段图像检测方法。

2. 特征提取

常用的图像特征有颜色特征、纹理特征、形状特征、空间关系特征和深度特征。

1）颜色特征

颜色特征是一种全局特征，描述了图像或图像区域所对应物体的表面性质。一般颜色特征是基于像素点的特征，此时所有属于图像或图像区域的像素都有各自的贡献。由于颜色对图像或图像区域的方向、大小等变化不敏感，所以颜色特征不能很好地捕捉图像中对象的局部特征。另外，仅使用颜色特征查询时，如果数据库很大，会将许多不需要的图像也检索出来。颜色直方图是最常用的表达颜色特征的方法，其优点是不受图像旋转和平移变化的影响，进一步借助归一化还可不受图像尺度变化的影响；其缺点是没有表达出颜色空间分布的信息。

常用的颜色特征提取方法：颜色直方图、颜色集、颜色矩和颜色聚合向量等。

2）纹理特征

纹理特征也是一种全局特征，它也描述了图像或图像区域所对应物体的表面性质。但由于纹理只是一种物体表面的特性，并不能完全反映出物体的本质属性，所以仅仅利用纹理特征是无法获得高层次图像内容的。与颜色特征不同，纹理特征不是基于像素点的特征，它需要在包含多个像素点的区域中进行统计计算。在模式匹配中，这种区域性的特征具有较大的优越性，不会由于局部的偏差而导致无法匹配成功。作为一种统计特征，纹理特征常具有旋转不变性，并且对噪声有较强的抵抗能力。但是，纹理特征也有其缺点，一个很明显的缺点是当图像的分辨率变化的时候，所计算出来的纹理可能会有较大偏差。另外，由于有可能受到光照、反射情况的影响，从 2D 图像中反映出来的纹理不一定是 3D 物体表面真实的纹理。例如，水中的倒影、光滑金属面的互相反射等都会导致纹理的变化。由于这些不是物体本身的特性，因此将纹理信息应用于检索时，这些虚假的纹理会对检索造成"误导"。

在检索具有粗细、疏密等较大差别的纹理图像时，利用纹理特征是一种有效的方法。但当纹理之间的粗细、疏密等易于分辨的信息之间相差不大的时候，通常的纹理特征很难准确地反映出人类的视觉感觉。

常用的纹理特征提取方法有统计法、几何法、模型法和信号处理法等。

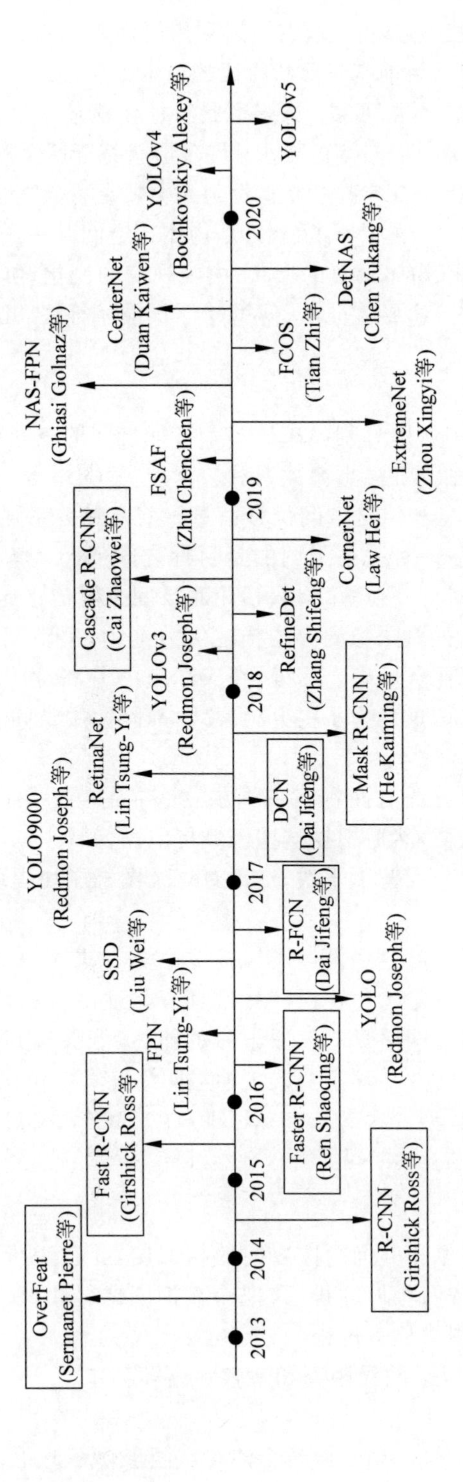

图 1-6　常用的目标检测算法

3）形状特征

各种基于形状特征的检索方法都能比较有效地利用图像中感兴趣的目标进行检索，但它们也存在一些共同的问题，包括：目前基于形状特征的检索方法还缺乏比较完善的数学模型；如果目标有变形时检索结果往往不太可靠；许多形状特征仅描述了目标局部的性质，要全面描述目标通常对计算时间和存储量有较高的要求；许多形状特征所反映的目标形状信息与人的直观感觉不完全一致，或者说，特征空间的相似性与人类视觉系统感受到的相似性有差别。

另外，从2D图像中构建的3D物体实际上只是物体在空间某一平面的投影，从2D图像中反映出来的形状通常不是3D物体真实的形状，由于视点的变化，可能会产生各种失真。

常用的形状特征提取方法：边界特征法、傅里叶形状描述符法、几何参数法和形状不变矩法等。

4）空间关系特征

所谓空间关系特征，是指图像中分割出来的多个目标之间的空间位置或相对方向关系，这些关系可分为连接/邻接关系、交叠/重叠关系和包含/包容关系等。通常空间位置信息可以分为两类：相对空间位置信息和绝对空间位置信息。前一种关系强调的是目标之间的相对情况，如上下、左右关系等，后一种关系强调的是目标之间的距离大小以及方位。显而易见，由绝对空间位置可推出相对空间位置，但表达相对空间位置信息通常比较简单。

空间关系特征的使用可加强对图像内容的描述区分能力，但空间关系特征常对图像或目标的旋转、反转、尺度变化等比较敏感。另外，在实际应用中，仅利用空间信息往往是不够的，不能有效、准确地表达场景信息。为了提升检索效率，除使用空间关系特征外，还需要其他特征来配合。

常用的空间关系特征提取方法有两种：一种方法是首先对图像进行自动分割，划分出图像中所包含的对象或颜色区域，然后根据这些区域提取图像特征，并建立索引；另一种方法则是简单地将图像均匀地划分为若干子块，然后对每个图像子块提取特征，并建立索引。

5）深度特征

图像的深度特征是指使用深度卷积神经网络提取的具有丰富语义信息的图像特征，如图1-7所示。卷积神经网络是一类包含卷积计算且具有深度结构的前馈神经网络，是深度学习的代表算法之一。卷积神经网络具有表征学习的能力，能够按其阶层结构对输入信息进行平移不变分类，因此也被称为"平移不变人工神经网络"。

常用的深度特征提取模型：LeNet-5、AlexNet、VGG、Google Inception、ResNet、MobileNet、DenseNet、ShuffleNet、SENet等。

3. 相似度计算

计算图像数据库中所有图像和查询图像之间的相似度，并且进行相似度排序。当遍历完整个图像特征库时，将结果按照相似度排序，把与查询图像最相似的前 K 幅图像作为检索结果返回，这样就完成一次图像检索过程。

常用的图像相似度计算方法：欧氏距离和余弦距离等。

1）欧氏距离

欧氏距离是最常见的距离度量（用于衡量个体在空间上存在的距离，距离越远说明个体

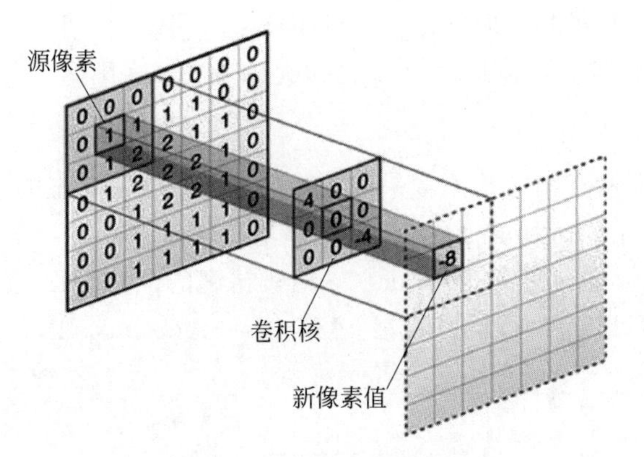

图 1-7 深度特征提取过程

间的差异越大)，衡量的是 N 维空间中两个点之间的实际距离。

2) 余弦距离

余弦距离是用向量空间中两个向量夹角的余弦值作为衡量两个个体间差异的大小的度量。两个向量越相似夹角越小，余弦值越接近 1。相比欧氏距离度量，余弦距离更加注重两个向量在方向上的差异，而非距离或长度。

1.1.3 图像检索的评价指标

给定一个查询图像，图像检索任务期待在图像数据库中找到相同或相似的候选图像，并按照相似程度的高低进行排序。在图像检索中，主要使用 k 位命中率(Rank k Accuracy，Rank@k)和平均精度均值(mean Average Precision，mAP)这两项指标对检索结果进行评价。

1. Rank@k

Rank@1 表示首位命中的概率，假设有查询数据集 Query 和候选数据集 Gallery，评价图像检索性能时，首先对 Query 和 Gallery 中的图像依次计算一个距离(如欧氏距离或余弦距离)，然后根据距离排序，判断 Gallery 中排在第一位的图像中有没有命中 Query 中的图像。同时，Rank@k 表示 1—k 张图像中至少有一张命中。

假设有 N 张查询图像，利用训练好的模型提取查询图像的特征，如下：

$$\boldsymbol{f}_{\text{Query}} = [\boldsymbol{q}_1, \boldsymbol{q}_2, \cdots, \boldsymbol{q}_N] \tag{1-1}$$

图像数据库中含有 M 张图像，提取其中所有图像的特征如下：

$$\boldsymbol{f}_{\text{Gallery}} = \begin{bmatrix} \boldsymbol{a}_{11} & \boldsymbol{a}_{12} & \cdots & \boldsymbol{a}_{1N} \\ \boldsymbol{a}_{21} & \boldsymbol{a}_{22} & \cdots & \boldsymbol{a}_{2N} \\ \vdots & \vdots & & \vdots \\ \boldsymbol{a}_{M1} & \boldsymbol{a}_{M2} & \cdots & \boldsymbol{a}_{MN} \end{bmatrix} \tag{1-2}$$

利用欧氏距离计算图像特征之间的相似度 S，表示如下：

$$S_M = \sqrt{\sum_{k=1}^{N} (\boldsymbol{q}_k - \boldsymbol{a}_{Mk})^2} \tag{1-3}$$

其中，$\boldsymbol{q}_k$ 为一个查询图像的特征向量，$\boldsymbol{a}_{Mk}$ 为图像数据库中第 M 张图像的特征向量，S_M 越低表示图像之间的相似性越大。因此，将 S_M 按照大小从低到高排序，计算 Rank@k 的准确率。

2. mAP

mAP 是更加全面衡量图像检索效果的指标，它反映 Query 中的查询图像在 Gallery 中的所有正确图像排在结果队列前面的程度，而不止首位命中。

图 1-8 显示了两张查询图像的 Rank@10 检索精度的计算过程，更多查询图像的计算过程与此类似。从图中可以看到，检索精度（Average Precision，AP）的值受到排列顺序和命

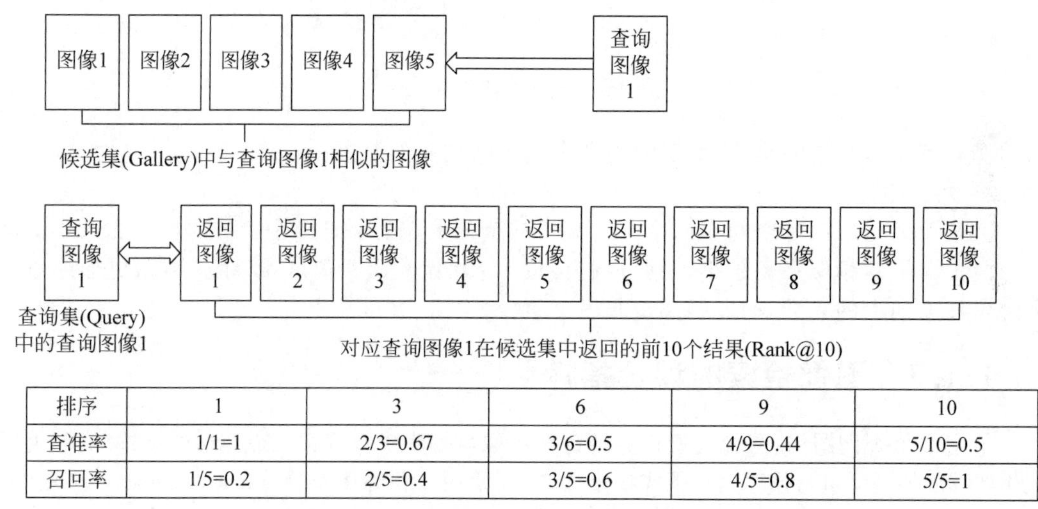

排序	1	3	6	9	10
查准率	1/1=1	2/3=0.67	3/6=0.5	4/9=0.44	5/10=0.5
召回率	1/5=0.2	2/5=0.4	3/5=0.6	4/5=0.8	5/5=1

第一次查询Rank@10检索精度(AP)=(1+0.67+0.5+0.44+0.5)/5=0.62

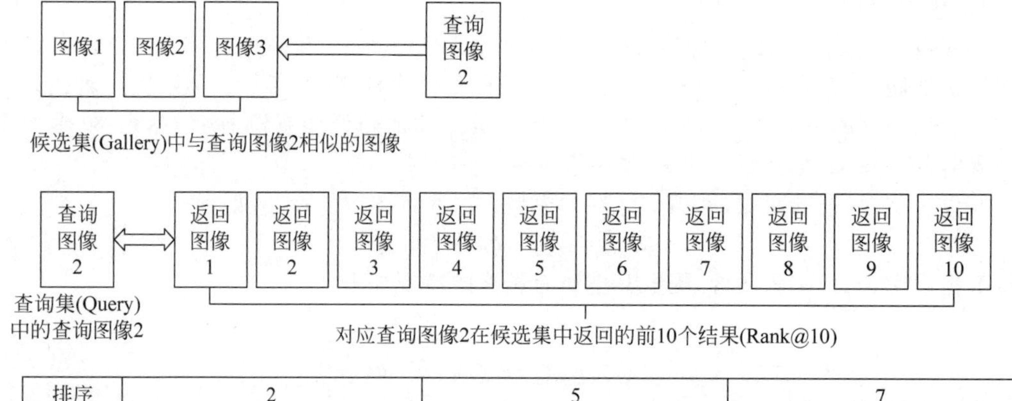

排序	2	5	7
查准率	1/2=0.5	2/5=0.4	3/7=0.43
召回率	1/3=0.33	2/3=0.67	3/3=1

第二次查询Rank@10检索精度(AP)=(0.5+0.4+0.43)/3=0.44

图 1-8　Rank@10 检索精度的计算过程

中数量的影响。同时,对 Query 中每一个查询图像的 Rank@10 结果计算均值,可以得到平均检索精度 mAP,计算公式如下:

$$\mathrm{mAP}=\frac{1}{m}\sum_{i=1}^{m}\mathrm{AP}_i \tag{1-4}$$

其中,m 为 Query 中查询图像的总数量。例如,图 1-8 中两张查询图像的 mAP=(0.62+0.44)/2 = 0.53。

1.1.4 图像检索的技术难点

实际应用场景中的图像数据非常复杂,以城市交通道路为例,图像检索会受到各种客观因素的影响,如图 1-9 所示。

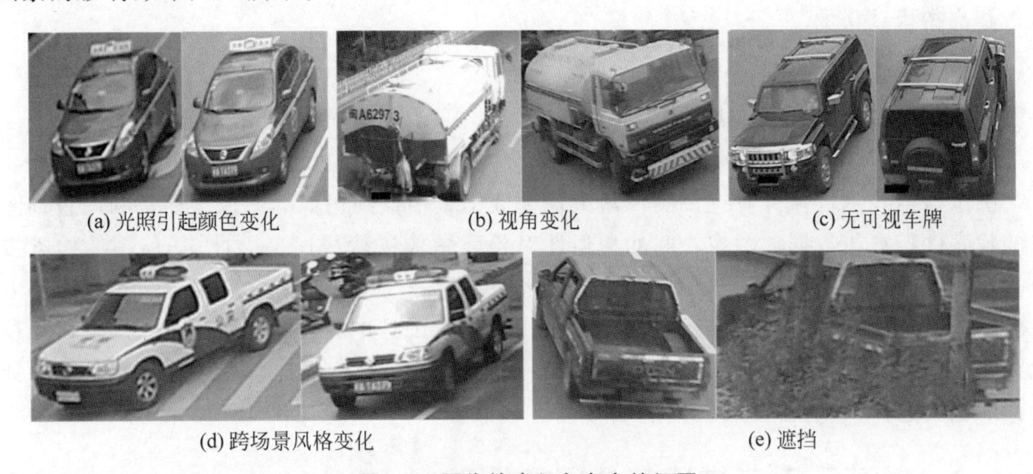

图 1-9 图像检索任务存在的问题

(1) 光照强度引起颜色变化。图 1-9(a)为同一辆红色轿车在不同光照强度下拍摄的图像,其中左边图像呈现暗红色,右边则为淡红色。

(2) 视角变化。图 1-9(b)为同一车辆在不同视角下拍摄的图像,由于视角的变化使两个车辆图像的特征几乎没有交集,因此很难识别为同一辆车。

(3) 无可视车牌。图 1-9(c)为同一车辆的正面、背面图像,由图可见,无论是正面图像还是背面图像都存在模糊或者遮挡问题,此外两者也缺乏共同特征,这大幅度增加了图像检索的难度。

(4) 跨场景风格变化。图 1-9(d)为同一车辆在不同场景下拍摄的图像,由于车辆图像的背景、色调都有所变化,所以无形中增加了图像检索的难度。

(5) 遮挡。图 1-9(e)中右边的车辆被树木遮挡,丢失了大量的车辆信息,提高了图像检索的难度。同样,这类情况还有车辆遮挡车辆、屏幕截断车辆图像等。

除了图 1-9 所列举的 5 种情况,车辆图像检索还存在更多的问题,如下:

(1) 摄像机拍摄的角度差异大,且不同摄像机之间本身就有色差问题。

(2) 监控图像或视频分辨率低,图像模糊不清。

(3) 车辆更换配饰,包括车辆内部或车辆外部更换摆设物体。

(4) 白天晚上光线差异。

以上问题主要是外界环境或人为因素对目标物体外观视觉造成的干扰,从而影响了图像检索的效果。另外,学术研究中用于车辆图像检索模型训练以及评估的公开数据集主要有:VeRi数据集、VehicleID数据集和VRIC数据集等。这些数据集在采集和内容方面存在如下问题:

(1) 整体数据规模小,用于采集的摄像机少,同一身份车辆的图像少。

(2) 车辆图像大部分仅包含车辆的正面和背面图像,且车辆尺度变化少,大部分为摄像机近距离拍摄获得的。

1.2 图像检索的研究方法

图像检索技术旨在针对查询图像从大规模数据集中找到相似的图像。通常利用查询图像的代表性特征与数据集图像之间的相似性对检索图像进行排序。因此,任何图像检索方法的性能都依赖于图像之间的相似度计算。理想情况下,两幅图像间相似度评分的计算方法应具有鉴别性、鲁棒性和有效性。在早期,各种手工设计的特征描述符被研究,如基于视觉线索的颜色、纹理、形状等代表特征。然而,深度学习在过去的十年里已经成为手工设计特征的替代选择,它能自动从数据中学习特征。

1.2.1 基于手工描述符的图像检索

图像的颜色、纹理、形状、梯度等内容都以特征描述符的形式表示,对应图像特征向量之间的相似性被视为图像之间的相似性。因此,图像检索方法的性能在很大程度上依赖于图像的特征描述符表示。任何特征描述符表示方法都希望具有识别能力、鲁棒性和低维数。图1-10说明了描述符函数在鲁棒性方面的效果,旋转和比例混合描述符函数用于显示原图像与其旋转后的图像之间的旋转不变性。从图中可以看出,基于原始强度值的比较是无效的,但是基于描述符的比较是有效的,因为描述符函数能够从图像中捕获相关信息。在图像检索中,通过研究不同的特征描述符表示方法来计算两幅图像之间的相似度,其中基于手动选择图像视觉线索的特征描述被称为手工设计或手工工程的特征描述。此外,这些方法通常是无监督的,因为它们不需要数据来设计特征表示方法。图像检索的手工特征是一个非常活跃的研究领域,然而由于人工设计的特征不能准确地表征图像特征,其性能受到了限制。

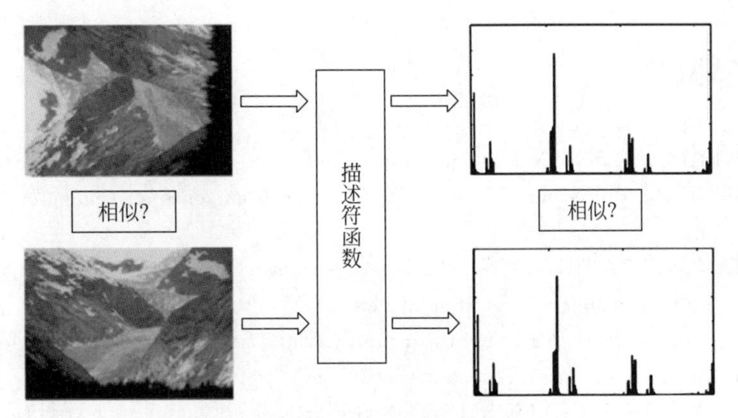

图 1-10 描述符函数的旋转鲁棒性

1.2.2 基于距离度量学习的图像检索

距离度量学习也被广泛地用于特征向量表示。基于深度度量学习的图像检索方法包括上下文约束距离度量学习、基于核的距离度量学习、保持视觉的距离度量学习、基于排序的距离度量学习、半监督距离度量学习等。一般来说,基于深度度量学习的方法比基于手工描述符的方法更具有发展前景。然而,现有的基于深度度量学习的图像检索方法大多依赖于线性距离函数,这限制了其识别能力和鲁棒性,不能代表非线性数据。此外,该算法还不能有效地处理多通道检索问题。

1.2.3 基于深度学习的图像检索

深度卷积神经网络出现后,可以观察到特征表示从手工工程到基于学习的转变。这种转变如图 1-11 所示,基于特征学习的卷积神经网络取代了传统手工特征表示。深度学习是一种层次特征表示技术,它从数据中学习对数据集和应用非常重要的抽象特征。根据所要处理的数据类型产生不同的架构,例如处理一维数据的人工神经网络和多层感知器,处理图像数据的卷积神经网络,以及处理时间序列数据的循环神经网络。现有的卷积神经网络在目标识别和检索任务中表现出非常可靠的性能。在近几年里,利用深度学习进行图像检索取得了巨大的成功。因此,本书主要关注基于深度学习的图像检索的研究。

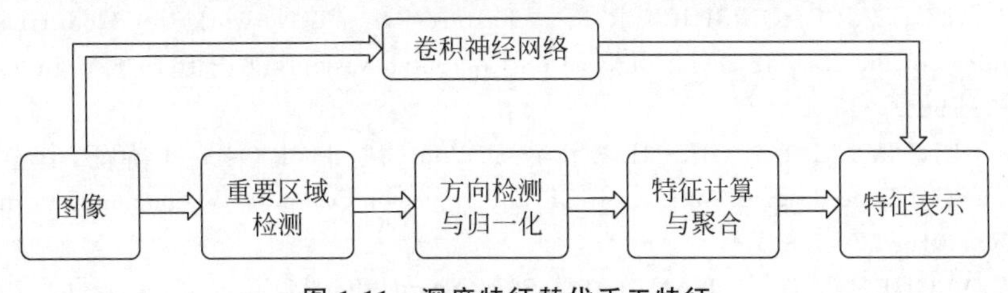

图 1-11 深度特征替代手工特征

参考文献

[1] YANG L J,LIU J Z,TANG X O. Object Detection and Viewpoint Estimation with Auto-masking Neural Network[C]. Proceedings of the 2014 European Conference on Computer Vision(ECCV),2014：441-455.

[2] JI X Y,ZHANG G W,CHEN X G,et al. Multi-perspective Tracking for Intelligent Vehicle[J]. IEEE Transactions on Intelligent Transportation Systems,2018,19(2)：518-529.

[3] MA Y J,LIN H,WANG Z. Real-time Privacy-preserving Data Release Over Vehicle Trajectory[J]. IEEE Transactions on Vehicular Technology,2019,68(8)：8091-8102.

[4] KRIZHEVSKY A,SUTSKEVER I,HINTON G E. ImageNet Classification with Deep Convolutional Neural Networks[C]. Proceedings of the 2012 Neural Information Processing Systems(NIPS),2012：1097-1105.

[5] ZEILER M D,FERGUS R. Visualizing and Understanding Convolutional Networks[C]. Proceedings of the 2014 European Conference on Computer Vision (ECCV),2014：818-833.

[6] SZEGEDY C,LIU W,JIA Y Q,et al. Going Deeper with Convolutions[C]. Proceedings of the 2015 IEEE Conference on Computer Vision and Pattern Recognition(CVPR),2015：1-9.

[7] He K M,Zhang X Y,Ren S Q,et al. Deep Residual Learning for Image Recognition[C]. Proceedings of the 2016 IEEE Conference on Computer Vision and Pattern Recognition (CVPR),2016：770-778.

[8] HUANG G,LIU Z,MAATEN L V D, et al. Densely Connected Convolutional Networks[C]. Proceedings of the 2017 IEEE Conference on Computer Vision and Pattern Recognition (CVPR),2017：2261-2269.

[9] SANDLER M,HOWARD A,ZHU M L,et al. MobileNetV2：Inverted Residuals and Linear Bottlenecks[C]. Proceedings of the 2018 IEEE/CVF Conference on Computer Vision and Pattern Recognition (CVPR),2018：4510-4520.

[10] GIRSHICK R,DONAHUE J,DARRELL T,et al. Rich Feature Hierarchies for Accurate Object Detection and Semantic Segmentation[C]. Proceedings of the 2014 IEEE Conference on Computer Vision and Pattern Recognition (CVPR),2014：580-587.

[11] GIRSHICK R. Fast R-CNN[C]. Proceedings of the 2015 IEEE International Conference on Computer Vision(ICCV),2015：1440-1448.

[12] REN S Q,HE K M,GIRSHICK R,et al. Faster R-CNN：Towards Real-time Object Detection with Region Proposal Networks[J]. IEEE Transactions on Pattern Analysis and Machine Intelligence,2017,39(6)：1137-1149.

[13] LIN T Y,DOLLÁR P,GIRSHICK R,et al. Feature Pyramid Networks for Object Detection[C]. Proceedings of the 2017 IEEE Conference on Computer Vision and Pattern Recognition (CVPR),2017：936-944.

[14] REDMON J,DIVVALA S,GIRSHICK R,et al. You Only Look Once：Unified,Real-Time Object Detection[C]. Proceedings of the 2016 IEEE Conference on Computer Vision and Pattern Recognition (CVPR),2016：779-788.

[15] LIU W,ANGUELOV D,ERHAN D,et al. SSD：Single Shot MultiBox Detector[C]. Proceedings of the 2016 European Conference on Computer Vision (ECCV),2016：21-37.

[16] DAI J F, LI Y, HE K M, et al. R-FCN: Object Detection via Region-based Fully Convolutional Networks[C]. Proceedings of the 2016 International Conference on Neural Information Processing Systems(NIPS), 2016: 379-387.

[17] REDMON J, FARHADI A. YOLO9000: Better, Faster, Stronger[C]. Proceedings of the 2017 IEEE Conference on Computer Vision and Pattern Recognition(CVPR), 2017: 6517-6525.

[18] LIN T Y, GOYAL P, GIRSHICK R, et al. Focal Loss for Dense Object Detection[J]. IEEE Transactions on Pattern Analysis and Machine Intelligence, 2020, 42(2): 318-327.

[19] ZHANG S F, WEN L Y, BIAN X, et al. Single-shot Refinement Neural Network for Object Detection[J]. IEEE Transactions on Circuits and Systems for Video Technology, 2020, 31(2): 674-687.

[20] CAI Z W, VASCONCELOS N. Cascade R-CNN: Delving into High Quality Object Detection[C]. Proceedings of the 2018 IEEE/CVF Conference on Computer Vision and Pattern Recognition (CVPR), 2018: 6154-6162.

[21] LAW H, DENG J. CornerNet: Detecting Objects as Paired Keypoints[J]. International Journal of Computer Vision, 2020, 128: 642-656.

[22] ZHU C C, HE Y H, SAVVIDES M. Feature Selective Anchor-free Module for Single-Shot Object Detection[C]. Proceedings of the 2019 IEEE/CVF Conference on Computer Vision and Pattern Recognition(CVPR), 2019: 840-849.

[23] ZHOU X Y, ZHUO J C, KRÄHENBÜHL P. Bottom-up Object Detection by Grouping Extreme and Center Points[C]. Proceedings of the 2019 IEEE/CVF Conference on Computer Vision and Pattern Recognition(CVPR), 2019: 850-859.

[24] GHIASI G, LIN T Y, PANG R, et al. NAS-FPN: Learning Scalable Feature Pyramid Architecture for Object Detection[C]. Proceedings of the 2019 IEEE/CVF Conference on Computer Vision and Pattern Recognition(CVPR), 2019: 7029-7038.

[25] TIAN Z, SHEN C H, CHEN H, et al. FCOS: Fully Convolutional One-stage Object Detection[C]. Proceedings of the 2019 IEEE/CVF International Conference on Computer Vision(ICCV), 2019: 9626-9635.

[26] YUAN X, SU S, CHEN H J. A Graph-Based Vehicle Proposal Location and Detection Algorithm [J]. IEEE Transactions on Intelligent Transportation Systems, 2017, 18(12): 3282-3289.

[27] MIN W D, FAN M D, GUO X G, et al. A New Approach to Track Multiple Vehicles with the Combination of Robust Detection and Two Classifiers[J]. IEEE Transactions on Intelligent Transportation Systems, 2018, 19(1): 174-186.

[28] CAO W M, YUAN J H, HE Z H, et al. Fast Deep Neural Networks with Knowledge Guided Training and Predicted Regions of Interests for Real-time Video Object Detection[J]. IEEE Access, 2018, 6: 8990-8999.

[29] CHU W Q, LIU Y, SHEN C, et al. Multi-task Vehicle Detection with Region-of-Interest Voting[J]. IEEE Transactions on Image Processing, 2018, 27(1): 432-441.

[30] LUO Z M, CHARRON F B, LEMAIRE C, et al. MIO-TCD: A New Benchmark Dataset for Vehicle Classification and Localization[J]. IEEE Transactions on Image Processing, 2018, 27(10): 5129-5141.

[31] HU X W, XU X M, XIAO Y J, et al. SINet: A Scale-insensitive Convolutional Neural Network for Fast Vehicle Detection[J]. IEEE Transactions on Intelligent Transportation Systems, 2019, 20(3):

1010-1019.

[32] LIU X C,LIU W, MEI T,et al. PROVID: Progressive and Multimodal Vehicle Reidentification for Large-scale Urban Surveillance[J]. IEEE Transactions on Multimedia,2018,20(3): 645-658.

[33] ZHOUY Y, SHAO L. Viewpoint-aware Attentive Multi-view Inference for Vehicle Re-identification [C]. Proceedings of the 2018 IEEE/CVF Conference on Computer Vision and Pattern Recognition (CVPR),2018: 6489-6498.

[34] KUMAR R, WEILL E,AGHDASI F,et al. Vehicle Re-identification: an Efficient Baseline Using Triplet Embedding[C]. Proceedings of the 2019 International Joint Conference on Neural Networks (IJCNN),2019: 1-9.

[35] HUANG R, ZHANG S,LI T Y,et al. Beyond Face Rotation: Global and Local Perception GAN for Photorealistic and Identity Preserving Frontal View Synthesis[C]. Proceedings of the 2017 IEEE International Conference on Computer Vision (ICCV),2017: 2458-2467.

[36] LEDIG C, THEIS L, HUSZÁR F, et al. Photo-realistic Single Image Super-resolution Using a Generative Adversarial Network[C]. Proceedings of the 2017 IEEE Conference on Computer Vision and Pattern Recognition(CVPR),2017: 105-114.

[37] BAI Y C,ZHANG Y Q, DING M L, et al. Finding Tiny Faces in the Wild with Generative Adversarial Network[C]. Proceedings of the 2018 IEEE/CVF Conference on Computer Vision and Pattern Recognition(CVPR),2018: 21-30.

[38] CHEN Y,LAI Y K, LIU Y J, et al. CartoonGAN: Generative Adversarial Networks for Photo Cartoonization[C]. Proceedings of the 2018 IEEE/CVF Conference on Computer Vision and Pattern Recognition(CVPR),2018: 9465-9474.

第 2 章

CHAPTER 2

深度学习基础

机器学习(Machine Learning,ML)是实现人工智能的一种方法,机器学习就是使用算法分析数据,从中学习并做出推断或预测。深度学习(Deep Learning,DL)是机器学习用到的各种复杂算法中的一种——神经网络。它用大量的数据和计算能力来模拟深度神经网络,这些网络模仿人类大脑的连通性,对数据集进行分类,并发现它们之间的相关性。随着研究的不断深入,目前深度学习在目标检测、图像检索、视频分析和模式识别等领域发挥着越来越重要的作用。

2.1 神经网络

神经网络是一种模仿生物神经网络的结构和功能的数学模型或计算模型。神经网络由大量的神经元联结进行计算。大多数情况下,人工神经网络能在外界信息的基础上改变内部结构,是一种自适应系统。现代神经网络是一种非线性统计性数据建模工具,常用来对输入和输出间复杂的关系进行建模,或用来探索数据的模式。

2.1.1 神经元模型

神经元是神经网络中最基本的结构,也可以说是神经网络的基本单元,它的设计灵感完全来源于生物学上神经元的信息传播机制。神经元有两种状态:兴奋和抑制。一般情况下,大多数神经元是处于抑制状态,但是一旦某个神经元受到刺激,导致它的电位超过一个阈值,那么这个神经元就会被激活,处于兴奋状态,进而向其他的神经元传播化学物质(其实就是信息)。图 2-1 为生物学上的神经元结构示意图。

1943 年,McCulloch 和 Pitts 将图 2-1 所示的神经元结构用一种简单的模型表示,构成了一种人工神经元模型,也就是现在经常用到的“M-P 神经元模型”,如图 2-2 所示。

从 M-P 神经元模型中可以看出,神经元的输出为

$$y=f\left(\sum_{i=1}^{n}w_i x_i-\theta\right) \tag{2-1}$$

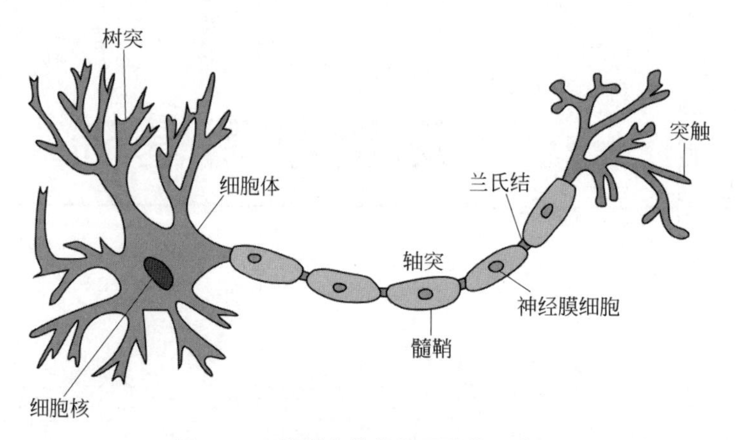

图 2-1 生物学上的神经元结构示意图

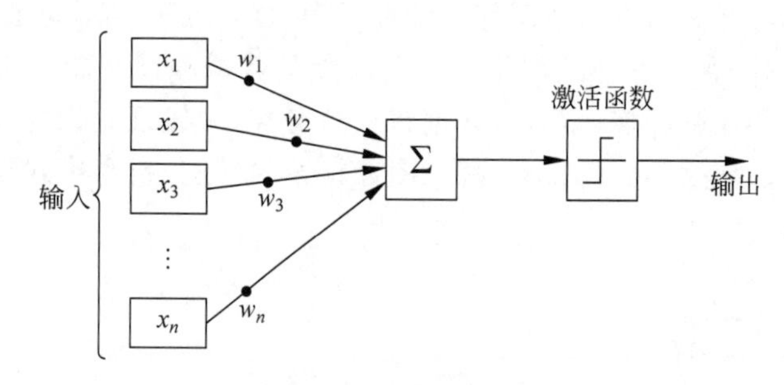

图 2-2 M-P 神经元模型

其中,θ 为神经元的激活阈值,$f(\cdot)$为激活函数。式(2-1)中,$f(\cdot)$可以用一个阶跃方程表示,大于阈值则激活,否则抑制。由于阶跃函数不光滑、不连续、不可导,因此通常使用 Sigmoid 函数表示 $f(\cdot)$,如图 2-3 所示。

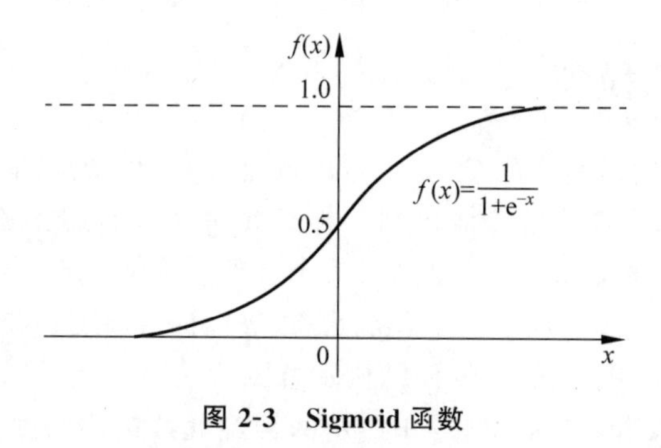

图 2-3 Sigmoid 函数

2.1.2 感知器和神经网络

感知器(Perceptron)是由两层神经元组成的结构,其中输入层用于接收外界输入信号,输出层(也被称为感知器的功能层)就是M-P神经元。图2-4表示一个输入层具有三个神经元(分别表示为x_0、x_1、x_2)的感知器结构。

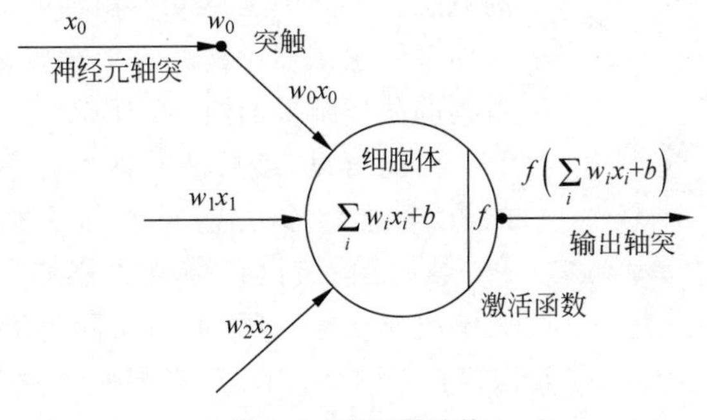

图2-4　感知器结构

根据图2-4,感知器模型可以由如下公式表示:

$$y = f(wx + b) \tag{2-2}$$

其中,w为感知器输入层到输出层连接的权重,b表示输出层的偏置。事实上,感知器是一种判别式的线性分类模型,可以解决与、或、非这样简单的线性可分(Linearly Separable)问题,线性可分问题的示意图如图2-5所示。

但是由于感知器只有一层功能神经元,所以学习能力非常有限。事实证明,单层感知器无法解决最简单的非线性可分问题——异或问题,如图2-6所示。

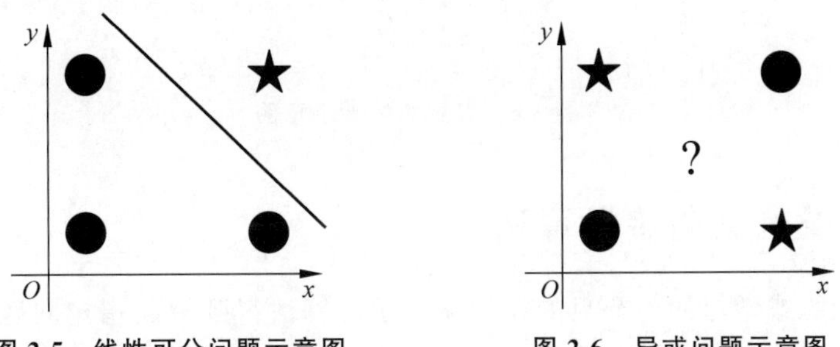

图2-5　线性可分问题示意图　　**图2-6　异或问题示意图**

关于感知器解决异或问题还有一段历史值得了解一下。感知器只能做简单的线性分类任务,但是当时的人们热情太过于高涨,并没有人清醒地认识到这一点。于是,当人工智能领域的巨擘Minsky指出这点时,事态就发生了变化。Minsky在1969年出版了*Perceptron*,书中用详细的数学公式证明了感知器的弱点,尤其是感知器无法解决XOR(异或)这样的简单分类问题。Minsky认为,如果将计算层增加到两层,则计算量过大,而且也没有有效的学习算法,因此他认为研究更深层的网络是没有价值的。由于Minsky的巨大影响力以及书中呈现的悲观态度,让很多学者和实验室纷纷放弃了神经网络的研究。于是,神经网络的研究陷入了冰河期,这个时期又被称为"AI Winter"。自此之后,过了近10年,相关研究人员才通过对两层神经网络的研究迎来神经网络的复苏。

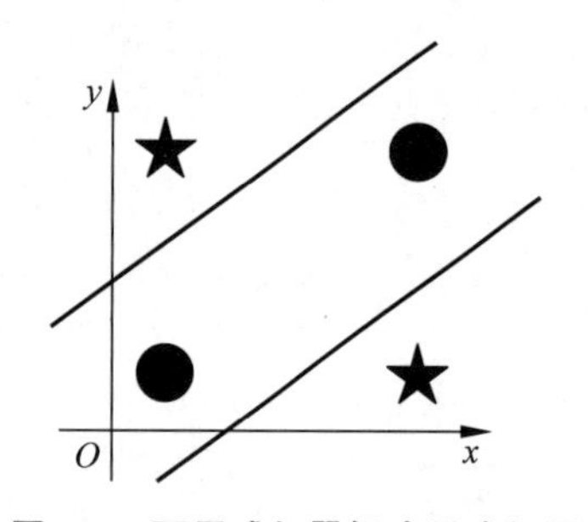

图 2-7　两层感知器解决异或问题

日常生活中大多数问题都不是线性可分问题，要解决非线性可分问题该怎样处理呢？这就需要引入"多层"的概念。既然单层感知器解决不了非线性问题，那么就采用多层感知器。构建一个两层感知器网络，通过训练得到的分类结果如图 2-7 所示。

由此可见，多层感知器可以很好地解决非线性可分问题，通常将多层感知器称为神经网络。但是，正如 Minsky 之前所担心的，多层感知器虽然可以在理论上可以解决非线性问题，但是实际生活中问题的复杂性远不止异或问题这么简单，所以往往要构建多层网络，而对于多层神经网络采用什么样的学习算法又是一项巨大的挑战。图 2-8 展示了一个具有 5 个隐含层的神经网络。

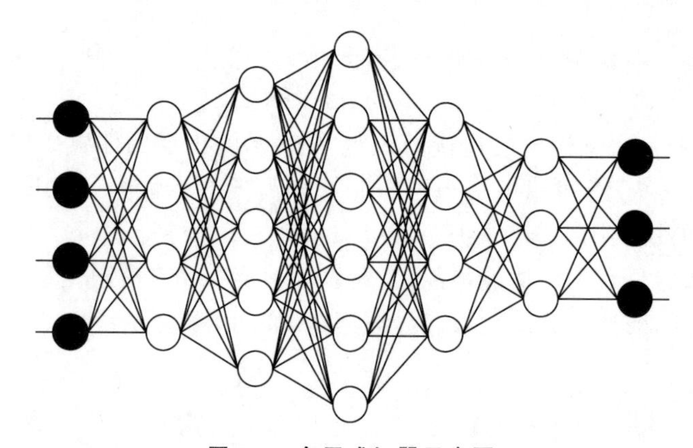

图 2-8　多层感知器示意图

2.1.3　误差反向传播算法

神经网络训练或学习的主要目的在于通过学习算法得到解决指定问题所需的参数，这里的参数包括各层神经元之间的连接权重以及偏置等。算法的设计者通常是根据实际问题来构造网络结构，而参数则需要神经网络通过训练样本和学习算法迭代得到的最优参数组来确定。

神经网络的学习算法中最杰出、最成功的代表是误差反向传播（Backpropagation，BP）算法。BP 算法通常应用在多层前馈神经网络中。

BP 算法的基本思想包括两个学习过程：信号的正向传播和误差的反向传播。正向传播时，输入样本从输入层传入，经各隐含层逐层处理后，传向输出层。若输出层的实际输出与期望的输出不符，则转入误差的反向传播阶段。反向传播时，将输出误差以某种形式通过隐含层向输入层逐层反传，并将误差分摊给各层的所有单元，从而获得各层单元的误差信号，此误差信号即作为修正各单元权值的依据。这种信号正向传播与误差反向传播的各层权值调整过程，是周而复始地进行的。权值不断调整的过程，也就是网络的学习训练过程。此过程一直进行到网络输出的误差减少到可接受的程度，或进行到预先设定的学习次数为止。

BP 算法的主要流程见算法 2-1。

算法 2-1 BP 算法

输入：训练集 $D=(x_k,y_k)_{k=1}^{m}$；学习率
过程：
在(0,1)范围内随机初始化网络中所有连接权重和阈值
repeat：
  for all$(x_k,y_k)\in D$ do
    根据当前参数计算当前样本的输出
    计算输出层神经元的梯度项
    计算隐含层神经元的梯度项
    更新连接权重与阈值
  end for
until 达到停止条件
输出：连接权重与阈值确定的多层前馈神经网络

2.1.4 常见的神经网络模型

1. 玻尔兹曼机和受限玻尔兹曼机

神经网络中有一类模型是为网络状态定义一个"能量"，能量最小化时网络达到理想状态，而网络的训练就是在最小化这个能量函数。玻尔兹曼机(Boltzmann Machine，BM)就是基于能量的模型，其神经元分为两层：显示层和隐藏层。显示层用于表示数据的输入和输出，隐藏层则被理解为数据的内在表达。BM 的神经元都是布尔型的，即只能取 0、1 值。标准的 BM 是全连接的，即各层内的神经元都是相互连接的，因此计算复杂度很高，而且难以用来解决实际问题。因此，经常使用一种特殊的玻尔兹曼机——受限玻尔兹曼机(Restricted Boltzmann Machine，RBM)，它的层内无连接，层间有连接，可以看作一个二分图。图 2-9 为 BM 和 RBM 的结构示意图。

2. 径向基函数网络

径向基函数(Radial Basis Function，RBF)网络是一种单隐藏层前馈神经网络，它使用径向基函数作为隐藏层神经元激活函数，而输出层则是对隐藏层神经元输出的线性组合。

RBF 网络常用对比散度(Contrastive Divergence，CD)进行训练，训练过程通常分为两步：①确定神经元中心，常用方式包括随机采样、聚类等；②确定神经网络参数，常用算法为 BP 算法。

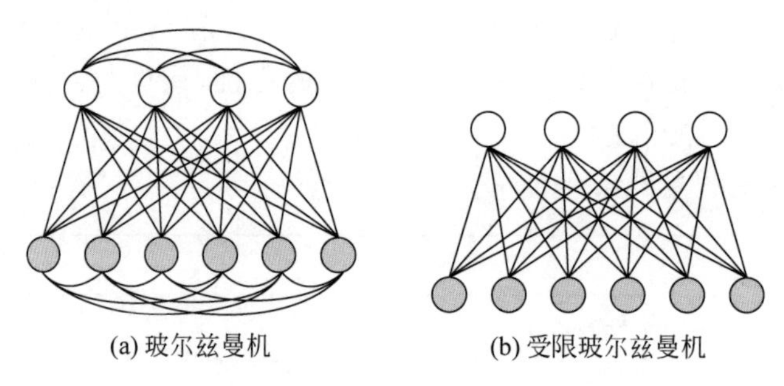

图 2-9 两种神经网络的图结构

3. 自适应谐振理论网络

自适应谐振理论(Adaptive Resonance Theory,ART)网络是竞争型学习的重要代表,该网络由比较层、识别层、识别层阈值和重置模块构成。ART 网络比较好地缓解了竞争型学习中的“可塑性-稳定性窘境”(Stability-Plasticity Dilemma),可塑性是指神经网络要有学习新知识的能力,而稳定性则是指神经网络在学习新知识时要保持对旧知识的记忆。这使 ART 网络具有一个很重要的优点:可进行增量学习或在线学习。

4. 自组织映射网络

自组织映射(Self-Organizing Map,SOM)网络是一种竞争学习型的无监督神经网络,它能将高维输入数据映射到低维空间(通常为二维),同时保持输入数据在高维空间的拓扑结构,即将高维空间中相似的样本点映射到网络输出层中的邻近神经元。

5. 结构自适应网络

一般的神经网络都是先指定好网络结构,训练的目的是利用训练样本确定合适的连接权、阈值等参数。与此不同的是,结构自适应网络则将网络结构也当作学习的目标之一,并希望在训练过程中找到最符合数据特点的网络结构。

6. 递归神经网络

与前馈神经网络不同,递归神经网络(Recurrent Neural Network,RNN)允许网络中出现环形结构,从而可以让一些神经元的输出反馈回来作为输入信号,这样的结构与信息反馈过程,使得网络在 t 时刻的输出状态不仅与 t 时刻的输入有关,还与 $t-1$ 时刻的网络状态有关,因而能处理与时间有关的动态变化。

2.2 深度学习概述

深度学习是机器学习领域中一个新的研究方向,它被引入机器学习使其更接近于最初的目标——人工智能(Artificial Intelligence,AI)。

深度学习是学习样本数据的内在规律和表示层次,这些在学习过程中获得的信息对文字、图像和声音等数据的解释有很大的帮助。它的最终目标是让机器能够像人一样具有分析学习能力,能够识别文字、图像和声音等数据。深度学习是一个复杂的机器学习算法,在图像检索、数据挖掘、机器学习、机器翻译、自然语言处理、多媒体学习、语音识别,以及其他相关领域都取得了很多成果。

2.2.1 卷积神经网络

卷积神经网络(Convolutional Neural Network,CNN)是一类包含卷积计算且具有深度结构的前馈神经网络,是深度学习的代表算法之一。卷积神经网络具有表征学习能力,能够按其阶层结构对输入信息进行平移不变分类,因此也被称为"平移不变人工神经网络"。

1. 卷积神经网络拓扑结构

在不考虑输入层的情况下,一个典型的卷积神经网络通常由若干个卷积层(Convolutional Layer)、激活层(Activation Layer)、池化层(Pooling Layer)和全连接层(Fully Connected Layer)组成。

1) 卷积层

卷积层是CNN的核心。在卷积层,通过实现"局部感知"和"权值共享"等系列的设计理念,可达到两个重要的目的:对高维输入数据进行降维处理和实现自动提取原始数据的核心特征。

2) 激活层

激活层将前一层的线性输出通过非线性激活函数处理可模拟任意函数,从而增强网络的表征能力。在深度学习领域,修正线性单元(Rectified Linear Unit,ReLU)是目前使用较多的激活函数,原因是它收敛速度快,且不会产生梯度消失问题。

3) 池化层

池化层也称为降采样层(Subsampling Layer),利用局部相关性,在"采样"较小规模数据的同时保留有用信息。巧妙的采样还具备局部线性转换不变性,从而增强CNN的泛化处理能力。

4) 全连接层

全连接层相当于传统的多层感知器。通常"卷积-激活-池化"是一个基本的处理栈,通过多个前栈处理之后,待处理的数据特性已有了显著变化:一方面,输入数据的维度已下降到可用"全连接"网络来处理;另一方面,此时全连接层的输入数据已不再是"泥沙俱下",而是经过反复提纯过的,因此最后输出的结果具有高可控性。

2. 卷积神经网络特性

CNN是一种具有局部连接和权值共享等特性的深层前馈神经网络。

1) 局部连接

在全连接网络中,随着网络规模的增大,整个CNN中参数的个数以神经元数的平方倍增,导致前馈神经网络的可扩展性非常差。

局部连接(Local Connectivity)能在某种程度上缓解参数量大的问题。以 CIFAR-10 数据集为例,如图 2-10 所示,每一幅图像都是 32×32×3 的 RGB 图像。对于隐藏层的某个神经元,如果是全连接前馈网络,则它需要和前一层的所有神经元(32×32)都保持连接。但对于卷积神经网络,隐藏层中的神经元仅需要与前向层的部分区域相连接。这个局部连接区域有个特别的名称叫"感受野"(Receptive Field),其大小等同于卷积核的大小(例如 5×5),如图 2-11 所示。相对于原来的 32×32 连接个数,现在的 5×5 连接的数量稀疏很多,因此,局部连接也被称为"稀疏连接"(Sparse Connectivity)。

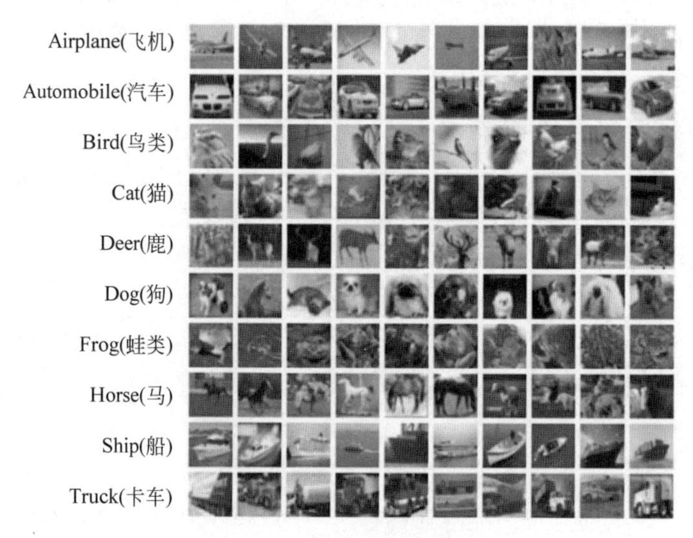

图 2-10 CIFAR-10 数据集示例

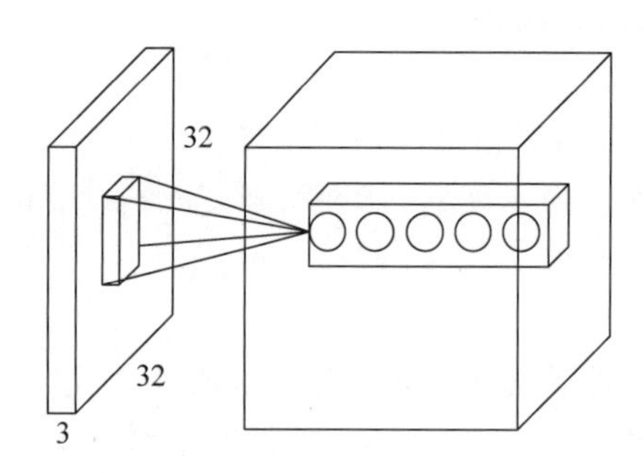

图 2-11 局部连接示意图

需要注意的是,这里的稀疏连接,是指卷积核的感受野(5×5)相对于原始图像的高度和宽度(32×32)而言。卷积核的深度实际上就是卷积核的个数,需要与原始数据保持一致,不能缩减。所以,对于隐藏层的某个神经元,它的前向连接个数是由全连接的 32×32×3 个,通过卷积操作,减少到局部连接的 5×5×3 个。

2) 权值共享

通过局部连接处理后,神经元之间的连接个数已经减少。可到底减少多少呢？仍以 CIFAR-10 数据集为例,一个原始的图像大小为 32×32×3,假设有 100 个卷积核,每个卷积核的大小为 5×5×3,步幅为 1。先单独考虑一个卷积核,可以很容易计算得到每一个卷积核对应的特征图大小是 28×28,即这个特征图对应有 28×28 个神经元。而每个神经元以卷积核大小(5×5×3)连接前一层的感受野,它的连接参数个数为(28×28)×(5×5×3)=58800。如果考虑所有的 100 个卷积核,则连接的参数个数为(5×5×3)×(28×28)×100=5880000。

那么全连接的参数个数是多少呢？当只考虑两层网络时，其连接个数为(32×32×3)×(32×32×3)=9437184。对比二者的数据可以发现，局部连接虽然降低了连接的个数，但整体幅度并不大，需要调节的参数个数依然非常庞大，因此还是无法满足高效训练参数的需求。

权值共享可以用来解决这个问题，它能显著降低参数的数量。首先，从生物学意义上看，相邻神经元的活性相似，因而可以共享相同的连接权值。其次，从数据特征上看，可以把每个卷积核当作一种特征提取方式，并且该方式与图像数据的位置无关。这就是说，对于同一个卷积核，它在一个区域提取到的特征，也能适用于其他区域。基于权值共享策略，将卷积层神经元与输入数据相连，同属于一个特征图的神经元将共用一个权值参数矩阵，如图 2-12 所示。经过权值共享处理后，CIFAR-10 的连接参数一下子锐减为 5×5×3×1×100=7500。

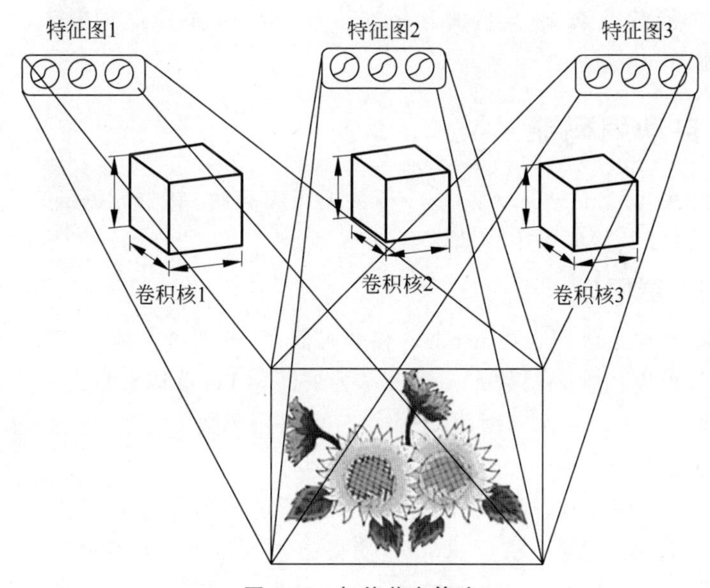

图 2-12 权值共享策略

权值共享保证了在卷积时只需要学习一个参数集合即可，而不是对每个位置都再学习一个单独的参数集合。

3. 卷积神经网络研究进展

CNN 是近些年发展起来，并引起广泛重视的一种高效识别方法。20 世纪 60 年代，Hubel 和 Wiesel 在研究猫脑皮层中用于局部敏感和方向选择的神经元时发现其独特的网络结构可以有效地降低反馈神经网络的复杂性，继而提出了卷积神经网络。现在，CNN 已经成为众多科学领域的研究热点之一，特别是在模式分类领域，由于该网络避免了图像的复杂前期预处理，可以直接输入原始图像，因此得到了更为广泛的应用。1980 年，日本科学家福岛邦彦(Kunihiko Fukushima)提出了一个包含卷积层、池化层的神经网络结构。在这个基础上，Yann LeCun 等将 BP 算法应用到这个神经网络结构的训练上，形成了当代卷积神经网络的雏形。

最初的 CNN 获得的效果并不算好，而且训练也非常困难。虽然也在阅读支票、识别数字之类的任务上有一定的效果，但由于在一般的实际任务中表现不如 SVM、Boosting 等算法好，因此一直处于学术界的边缘地位。直到 2012 年，在 ImageNet 图像识别大赛上，Hinton 组利用 AlexNet(引入全新的深层结构和 Dropout 方法)将错误率从 25%降低到了 15%，这颠覆了图像识别领域。AlexNet 有很多创新，尽管都不是很难的方法。其最主要的贡献是让人们意识到原来曾经福岛邦彦提出的、Yann LeCun 优化的 LeNet 结构是有很大改进空间的。例如，只要通过一些方法使这个网络加深到 8 层左右，让网络表达能力提升，就能得到出人意料的好结果。

在 AlexNet 之后，许多公司一直在以服务为核心进行深度学习，例如 Facebook 的自动标记算法、谷歌的照片搜索、亚马逊的产品推荐、Pinterest 的家庭饲料个性化和 Instagram 的搜索基础设施等。

2.2.2 自动编码器

自动编码器(Auto-Encoder，AE)是一种数据压缩算法，其中数据的压缩和解压缩函数是数据相关的、有损的、从样本中自动学习的。

1. 自动编码器原理

AE 由两部分组成：编码器(Encoder)和解码器(Decoder)。其中，Encoder 将输入压缩成潜在空间表征，可以用编码函数 $h=f(x)$表示；Decoder 重构来自潜在空间表征的输入，可以用解码函数 $r=g(h)$表示。因此，整个 AE 可以用函数 $g(f(x))=r$ 描述，其中输出 r 与原始输入 x 相近。

AE 可以认为是只有一层隐含层的神经网络，通过压缩和还原实现对特征的重构。输入数据是特征，输入层到隐含层是 Encoder，能将输入压缩成潜在空间表征；隐含层到输出层是 Decoder，重构来自潜在空间表征的输入。其中，AE 的输入、输出神经元个数都等于特征维度。训练 AE，使输出的特征和输入的特征尽可能一致。AE 试图复现其原始输入，在训练时，网络的输出应与输入相同，即 $y=x$。因此，一个 AE 的输入、输出应有相同的结构。利用训练数据训练网络，训练结束后，网络获得了 $x\rightarrow h\rightarrow x$ 的能力。此时的 h 是至关重要的，因为它是在尽量不损失信息量的情况下，对原始数据的另一种表达。AE 的网络结构如图 2-13 所示。

2. 自动编码器研究进展

AE 的基本思想是利用神经网络做无监督学习，把样本的输入同时作为神经网络的输入和输出，其本质是为了学习到输入样本的表示。早期 AE 的研究难点主要是数据过于稀疏、数据高维导致计算复杂度高。用神经网络做 AE 的研究可以追溯到 20 世纪 80 年代的 BP 神经网络(Back Propagation Neural Network，BPNN)和多层感知器(Multi-Layer

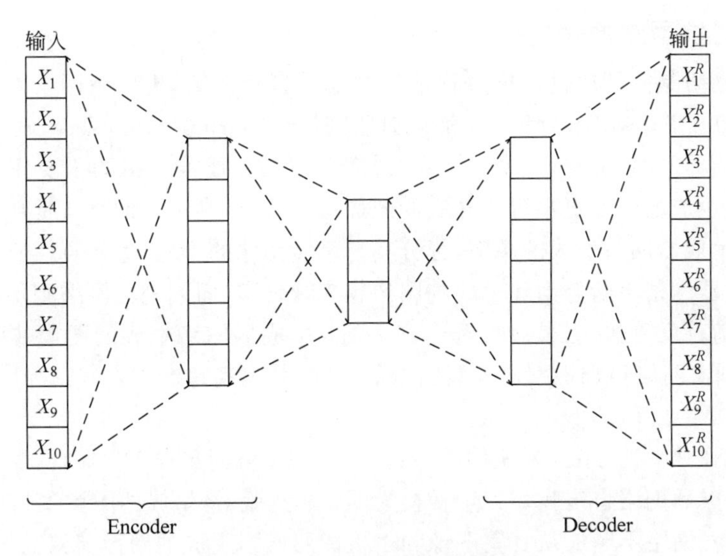

图 2-13　自动编码器的网络结构

Perceptron，MLP）以及当时 Hinton 推崇的受限玻尔兹曼机（RBM）。从 2000 年以后，随着神经网络的快速兴起，AE 也得到快速发展，例如稀疏 AE、降噪 AE、卷积 AE、变分 AE、对抗 AE。

稀疏 AE 在学习输入样本表示的时候可以学习到相对比较稀疏的表示结果，这在 Overcomplete AE（即学习得到高维表示）方法中尤为重要。具体方法就是在原来的损失函数中增加一个控制稀疏化的正则化项，通过控制优化过程来实现。

降噪 AE 的核心思想是提高 Encoder 的鲁棒性，其本质是避免可能的过拟合，主要采用两种方法实现：①在传统 AE 的输入层加入随机噪声来增强模型的鲁棒性；②结合正则化的思想，通过在 AE 的目标函数中加上 Encoder 的 Jacobian 矩阵范式，使 Encoder 能学习到具有抗干扰的抽象特征。

著名学者 Jurgen Schmidhuber 提出了基于卷积神经网络的 AE 以及后来的 LSTM AE。Max Welling 基于变分思想提出变分 AE 方法 VAE，这也是一个里程碑式的研究成果。后面很多学者基于这些工作进行扩展，例如 Info-VAE、Beta-VAE 和 Factor-VAE 等。最近还有学者借鉴 Ian J. Goodfellow 等提出的对抗建模思想提出对抗 AE，也取得了很好的效果。

2.2.3　生成对抗网络

生成对抗网络（Generative Adversarial Network，GAN）是由 Ian J. Goodfellow 等在 2014 年提出的深度学习架构，由于其强大的图像生成能力，迅速成为当前学术界的研究热点。

1. 生成对抗网络原理

生成对抗网络是一种通过对抗过程估计生成模型的框架，主要由两个网络组成：生成器网络(Generator Network，简称 G)和判别器网络(Discriminator Network，简称 D)。生成器网络和判别器网络之间是一个动态的"博弈过程"，生成器网络的主要任务是通过学习真实图像集，使生成的图像更接近于真实的图像，以"骗过"判别器网络；而判别器网络的主要任务是找出生成器网络生成的图像，区分其与真实图像的不同，进行真假判断。在整个迭代过程中，生成器网络不断努力让生成的图像越来越真实，而判别器网络则不断努力识别出图像的真假。随着反复迭代，最终二者达到平衡：生成器网络生成的图像非常接近于真实的图像；而判别器网络很难识别出真假图像的不同，其表现是对于真假图像，判别器网络输出的概率接近 0.5。

图 2-14 展示了一般 GAN 的架构图。首先，从潜在空间采样 D 维的噪声矢量并发送到生成器网络，生成器网络将该噪声矢量转换为图像；然后，将生成的图像发送到判别器网络进行分类，判别器网络不断地从真实图像和由生成器网络生成的图像获得数据，并区分出真实和虚假的图像。

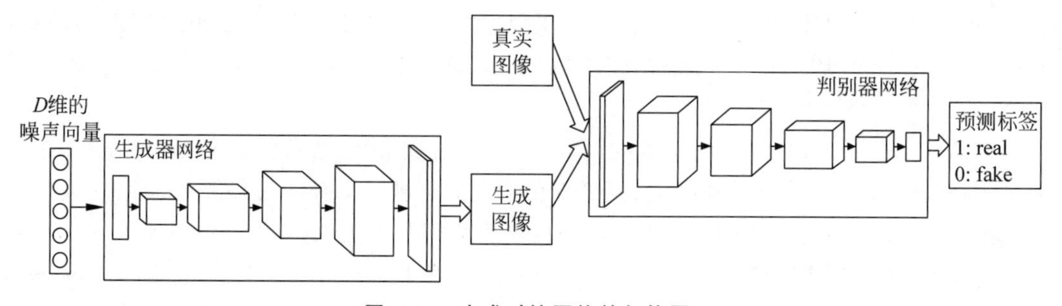

图 2-14 生成对抗网络的架构图

2. 生成对抗网络研究进展

GAN 在很多应用问题上取得了非常好的效果，能完成很多任务，例如，图像生成、艺术品生成、音乐生成和视频生成等生成任务。此外，它还可以完成图像质量提高、图像风格转换、图像着色以及其他更多有趣的任务。

1) 基于 GAN 的图像生成

在图像生成方面，2015 年，Alec Radford 等提出了深度卷积神经网络(Deep Convolutional Generative Adversarial Networks，DCGAN)，第一次将 GAN 和卷积神经网络结合起来，极大地提升了 GAN 训练的稳定性以及生成结果的质量。为了控制 GAN 输出的结果，Mehdi Mirza 等提出了条件生成对抗网络(Conditional Generative Adversarial Network，CGAN)，通过对模型添加一些附加的信息来指导数据的生成进程，在 MNIST 数据集上的实验表明，CGAN 可以生成以类标签为条件的 MNIST 数字。与 CGAN 类似，2016 年，Chen Xi 等提出了信息生成对抗网络(Information Generative Adversarial

Network,InfoGAN),能够在非监督学习下学习到可解释的特征表示,从而控制生成数据的语义特征。Emily Denton 等利用拉普拉斯金字塔对抗网络(Laplacian Pyramid of Generative Adversarial Networks,LAPGAN),由粗到细逐级生成高像素的图像。Huang Xun 等提出利用堆栈生成对抗网络(Stacked Generative Adversarial Networks,StackGAN)生成高质量的图像。Ashish Shrivastava 等使用合成的和未标记的数据训练神经网络,生成高度逼真的图像。2017 年,Huang Rui 等提出了一种双向生成对抗网络(Two-Pathway Generative Adversarial Network,TP-GAN),通过同时感知全局结构和局部细节来合成逼真的正面图像。实验结果表明,TP-GAN 不仅具有显著的感知结果,而且在大视角的人脸识别方面也优于当时最先进的结果。此外,序列生成对抗网络(Sequence Generative Adversarial Network,SeqGAN)、运动和内容分解生成对抗网络(Motion and Content decomposed Generative Adversarial Network,MoCoGAN)等用于音频、视频生成的 GAN 相继被提出,并获得了较好的效果。

2) 基于 GAN 的图像超分辨率重建

在超分辨率重建方面,2017 年,Christian Ledig 等提出了一种用于图像超分辨率重建的生成对抗网络(Super-Resolution Generative Adversarial Network,SRGAN),SRGAN 利用感知损失(Perceptual Loss)和对抗损失(Adversarial Loss)提升恢复出的图像的真实感,大量的实验表明,使用 SRGAN 在感知质量方面获得了显著的提升。2018 年,Bai Yancheng 等设计了一个新颖的网络结构,通过采用生成对抗网络直接从模糊的低分辨率人脸中生成清晰的高分辨率人脸图像。Wang Xintao 等对 SRGAN 进行改进,提出了残差密集块(Residual-in-Residual Dense Block,RRDB),去掉了批量归一化(Batch Normalization,BN)层,并使用激活前的特征改善感知损失,最终获得了更逼真、更自然的视觉效果。

3) 基于 GAN 的图像风格迁移

在风格迁移方面,2016 年,Phillip Isola 等提出了图像转换的概念,利用条件生成对抗网络实现了图像像素级别的风格转换。2017 年,Wei Longhui 等提出了一种针对行人重识别的生成对抗网络(Person Transfer Generative Adversarial Network,PTGAN),可以实现不同重识别数据集之间行人图像迁移,在保证行人本体前景不变的情况下,将背景转换成期望的数据集风格。Samaneh Azadi 等提出 Multi-Content GAN 实现字体风格的迁移,2018 年,Chen Yang 等提出 CartoonGAN 将现实场景的图像转换为卡通风格的图像。Orest Kupyn 等提出了一种基于条件生成对抗网络和内容损失(Content Loss)的端对端学习法 DeblurGAN,用于去除图像上因为物体运动而产生的模糊。

2.2.4 循环神经网络

循环神经网络(Recurrent Neural Network,RNN)是一类具有短期记忆能力的神经网络,适合处理视频、语音、文本等与时序相关的问题。在循环神经网络中,神经元不仅可以接收其他神经元的信息,还可以接收自身的信息,形成具有环路的网络结构。

1. 循环神经网络原理

循环神经网络使用带自反馈的神经元，能够处理任意长度的时序数据。

给定一个输入序列 $x_{1:T}=(x_1,x_2,\cdots,x_t,\cdots,x_T)$，循环神经网络通过式(2-3)更新带反馈边的隐藏层的活性值 h_t：

$$h_t=f(h_{t-1},x_t) \tag{2-3}$$

其中，$h_0=0$，$f(\cdot)$为一个非线性函数，可以是一个前馈网络。

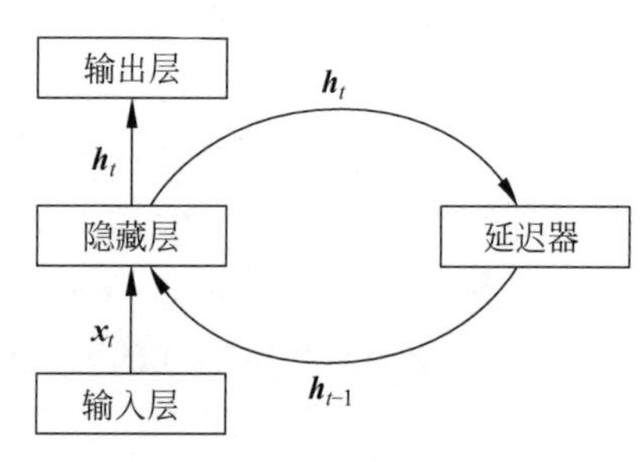

图 2-15 循环神经网络结构

RNN 的结构如图 2-15 所示，其中“延时器”为一个虚拟单元，记录神经元最近一次(或几次)的活性值。

由于 RNN 具有短期记忆能力，相当于存储装置，因此其计算能力十分强大。理论上，RNN 可以近似任意的非线性动力系统。前馈神经网络可以模拟任何连续函数，而 RNN 可以模拟任何程序。

2. 循环神经网络研究进展

1982 年，美国加州理工学院物理学家 John Hopfield 提出了一种单层反馈神经网络 Hopfield Network，用来解决组合优化问题，这是最早的 RNN 雏形。1986 年，另一位机器学习的泰斗 Michael I. Jordan 定义了“循环”(Recurrent)的概念，提出 Jordan Network。1990 年，美国认知科学家 Jeffrey L. Elman 对 Jordan Network 进行了简化，并采用 BP 算法进行训练，便有了如今最简单的包含单个自连接节点的 RNN 模型。但此时 RNN 由于梯度消失(Gradient Vanishing)及梯度爆炸(Gradient Exploding)等问题，训练非常困难，应用非常受限。直到 1997 年，瑞士人工智能研究所的主任 Jurgen Schmidhuber 提出长短期记忆网络(Long Short-Term Memory，LSTM)，LSTM 使用门控单元及记忆机制大大缓解了早期 RNN 训练的问题。同样在 1997 年，Mike Schuster 提出双向 RNN 模型(Bidirectional RNN，BRNN)。这两种模型大大改进了早期 RNN 结构，拓宽了 RNN 的应用范围，为后续序列建模的发展奠定了基础。此时 RNN 虽然在一些序列建模任务上取得了不错的效果，但由于计算资源消耗大，后续几年一直没有太大的进展。

2010 年，Tomas Mikolov 对 Bengio 等人提出的前馈神经网络语言模型(Feedforward Neural Network Language Model，FNNLM)进行了改进，提出了基于 RNN 的语言模型(RNN Language Model，RNN-LM)，并将其用在语音识别任务中，大幅提升了识别精度。在此基础上 Tomas Mikolov 于 2013 年提出了大名鼎鼎的 word2vec，与 FNNLM 及 RNN-LM 不同，word2vec 的目标不再专注于建模语言模型，而是如何利用语言模型学习每个单词的语义化向量。word2vec 引发了深度学习在自然语言处理领域的浪潮，除此之外还启发了知识表示(Knowledge Representation)、网络表示(Network Representation)等新的领域。

另一方面，2014 年 Bengio 团队与 Google 几乎同时提出了 seq2seq 架构，将 RNN 用于机器翻译。没过多久，Bengio 团队又提出注意力（Attention）机制，对 seq2seq 架构进行改进。自此机器翻译全面进入神经机器翻译（Neural Machine Translation，NMT）的时代，NMT 不仅过程简单，而且效果要远超传统机器翻译的效果。目前主流的机器翻译系统几乎都采用了神经机器翻译的技术。除此之外，Attention 机制也被广泛用于基于深度学习的各种任务中。

近几年，相关领域仍有一些突破性进展，2017 年，Facebook 人工智能实验室提出基于卷积神经网络的 seq2seq 架构，将 RNN 替换为带有门控单元的 CNN，提升效果的同时大幅加快了模型训练速度。此后不久，Google 提出 Transformer 架构，使用 Self-Attention 代替原有的 RNN 及 CNN，更进一步降低了模型复杂度。在词表示学习方面，Allen 人工智能研究所 2018 年提出上下文相关的表示学习方法 ELMo，利用双向 LSTM 语言模型对不同语境下的单词，学习不同的向量表示，在 6 个 NLP 任务上取得了提升。OpenAI 团队在此基础上提出预训练模型 GPT（General Pre-Training），把 LSTM 替换为 Transformer 来训练语言模型。在应用到具体任务时，与之前学习词向量当作特征的方式不同，GPT 直接在预训练得到的语言模型最后一层接上 Softmax 作为任务输出层，然后再对模型进行微调，在多项任务上 GPT 取得了更好的效果。

2.3 深度学习常用框架

深度学习框架是帮助使用者进行深度学习的工具，它的出现降低了深度学习入门的门槛，不需要从复杂的神经网络开始编写代码，就可以根据需要使用现有的模型。常用的深度学习框架有 TensorFlow、Caffe、Theano、Keras、PyTorch、MXNet 等。这些深度学习框架被应用于计算机视觉、语音识别、自然语言处理与生物信息学等领域，并获取了极好的效果。

2.3.1 Theano

Theano 最初诞生于蒙特利尔大学 LISA 实验室，于 2008 年开始开发，是第一个具有较大影响力的 Python 深度学习框架。

Theano 是一个 Python 库，可用于定义、优化和计算数学表达式，特别是多维数组（numpy.ndarray）。在解决包含大量数据的问题时，使用 Theano 编程可实现比手写 C 语言更快的速度，而通过 GPU 加速，Theano 甚至可以比基于 CPU 计算的 C 语言快上好几个数量级。Theano 结合了计算机代数系统（Computer Algebra System，CAS）和优化编译器，还可以为多种数学运算生成定制的 C 语言代码。对于包含重复计算的复杂数学表达式的任务而言，计算速度很重要，因此这种 CAS 和优化编译器的组合是很有用的。对需要将每一种不同的数学表达式都计算一遍的情况，Theano 不但可以最小化编译/解析的计算量，而且会给出如自动微分那样的符号特征。

Theano 诞生于研究机构，服务于研究人员，其设计具有较浓厚的学术气息，但在工程设计上有较大的缺陷,如调试难、绘图慢等。为了加速深度学习研究,人们在它的基础之上开发了 Lasagne、Blocks、PyLearn2 和 Keras 等第三方框架,这些框架以 Theano 为基础,提供了更好的封装接口以方便用户使用。

2017 年 9 月 28 日,在 Theano1.0 正式版发布前夕,LISA 实验室负责人,深度学习三巨头之一的 Yoshua Bengio 宣布 Theano 即将停止开发:"Theano is Dead"。尽管 Theano 即将退出历史舞台,但作为第一个 Python 深度学习框架,它很好地完成了自己的使命。不仅为深度学习研究人员的早期拓荒提供了极大的帮助,同时也为之后深度学习框架的开发奠定了基本设计方向,即以计算图为框架的核心,采用 GPU 加速计算。

2017 年 11 月,LISA 实验室在 GitHub 上开启了一个初学者入门项目,旨在帮助实验室新生快速掌握机器学习相关的实践基础,而该项目正是使用 PyTorch 作为教学框架。

2.3.2 TensorFlow

2015 年 11 月 10 日,Google 宣布推出全新的机器学习开源工具 TensorFlow。TensorFlow 最初是由 Google 机器智能研究部门的 Google Brain 团队开发,基于 Google 2011 年开发的深度学习基础架构 DistBelief 构建起来的。TensorFlow 主要用于机器学习和深度神经网络研究,由于它是一个非常基础的系统,因此也可以应用于众多领域。由于 Google 在深度学习领域的巨大影响力和强大的推广能力,TensorFlow 一经推出就获得了极大的关注,并迅速成为如今用户最多的深度学习框架。

TensorFlow 在很大程度上可以看作 Theano 的后继者,因为它们不但有很大一批共同的开发者,而且拥有相近的设计理念,都是基于计算图实现自动微分系统。TensorFlow 使用数据流图进行数值计算,图中的节点代表数学运算,而图中的边则代表在这些节点之间传递的多维数组(张量)。

TensorFlow 编程接口支持 Python 和 C++。随着 1.0 版本的公布,Java、Go、R 和 Haskell API 的 alpha 版本也被支持。此外,TensorFlow 还可在 Google Cloud 和 AWS 中运行。TensorFlow 还支持 Windows 7、Windows 10 和 Windows Server 2016。由于 TensorFlow 使用 C++Eigen 库,所以库可在 ARM 架构上编译和优化。这也就意味着用户可以在各种服务器和移动设备上部署自己的训练模型,无须执行单独的模型解码器或者加载 Python 解释器。

由于直接使用 TensorFlow 生产力过于低下,包括 Google 官方等众多开发者尝试基于 TensorFlow 构建一个更易用的接口,例如 Keras、Sonnet、TFLearn、TensorLayer、Slim、Fold、PrettyLayer 等数不胜数的第三方框架每隔几个月就会在新闻中出现一次,但是又大多归于沉寂,至今 TensorFlow 仍没有一个统一易用的接口。

2.3.3 Keras

Keras 是一个高层神经网络 API(Application Programming Interface,应用程序接口),

由纯 Python 编写而成并使用 TensorFlow、Theano 及 CNTK 作为后端。Keras 为支持快速实验而生，能够把想法迅速转换为结果。Keras 是深度学习框架之中最容易上手的，它提供了一致而简洁的 API，能够极大地减少一般应用下用户的工作量，避免用户重复造轮子。

严格意义上讲，Keras 并不能称为一个深度学习框架，它更像一个深度学习接口，它构建于第三方框架之上。Keras 的缺点很明显，即过度封装导致丧失灵活性。Keras 最初作为 Theano 的高级 API 而诞生，后来增加了 TensorFlow 和 CNTK 作为后端。为了屏蔽后端的差异性，提供一致的用户接口，Keras 做了层层封装，导致用户在新增操作或是获取底层的数据信息时过于困难。同时，过度封装也使得 Keras 的程序运行过于缓慢，许多 BUG 都隐藏于封装之中，在绝大多数场景下，Keras 是本书介绍的所有框架中运行速度最慢的。

学习 Keras 十分容易，但是很快就会遇到瓶颈，因为它缺少灵活性。另外，在使用 Keras 的大多数时间里，用户主要是在调用接口，很难真正学习到深度学习的内容。

2.3.4　Caffe/Caffe2

Caffe 的全称是 Convolutional Architecture for Fast Feature Embedding，它是一个清晰、高效的深度学习框架，核心语言是 C++，它支持命令行、Python 和 MATLAB 接口，既可以在 CPU 上运行，也可以在 GPU 上运行。

Caffe 的优点是简洁快速，缺点是缺少灵活性。不同于 Keras 因为过度封装导致灵活性丧失，Caffe 灵活性的缺失主要是因为它的设计。在 Caffe 中最主要的抽象对象是层，每实现一个新的层，必须要利用 C++ 实现它的前向传播和反向传播代码，而如果想要新层运行在 GPU 上，还需要同时利用 CUDA 实现这一层的前向传播和反向传播。这种限制使不熟悉 C++ 和 CUDA 的用户扩展 Caffe 十分困难。

Caffe 凭借其易用性、源码简洁、性能出众和原型设计快速获取了众多用户，曾经占据深度学习领域的半壁江山。但是在深度学习新时代到来之时，Caffe 已经力不从心，诸多问题逐渐显现（包括灵活性缺失、扩展难、依赖众多环境难以配置、应用局限等）。尽管现在在 GitHub 上还能找到许多基于 Caffe 的项目，但是新的项目已经越来越少。

Caffe 的开发者从加州大学伯克利分校毕业后加入了 Google，参与过 TensorFlow 的开发，后来离开 Google 加入 FAIR，担任工程主管，并开发了 Caffe2。Caffe2 是一个兼具表现力、速度和模块性的开源深度学习框架。它沿袭了大量的 Caffe 设计，可解决多年来在 Caffe 的使用和部署中发现的瓶颈问题。Caffe2 的设计追求轻量级，在保有扩展性和高性能的同时，Caffe2 也强调了便携性。Caffe2 从一开始就以性能、扩展、移动端部署作为主要设计目标。Caffe2 的核心 C++ 库能提高速度和便携性，而其 Python 和 C++ API 使用户可以轻松地在 Linux、Windows、iOS、Android，甚至 Raspberry Pi 和 NVIDIA Tegra 上进行原型设计、训练和部署。

Caffe2 继承了 Caffe 的优点，尤其是速度快。Facebook 人工智能实验室与应用机器学习团队合作，利用 Caffe2 大幅加速机器视觉任务的模型训练过程，仅需 1 小时就训练完 ImageNet 这样超大规模的数据集。

极盛的时候,Caffe占据了计算机视觉研究领域的半壁江山,虽然如今Caffe已经很少用于学术界,但是仍有不少计算机视觉相关的论文使用Caffe。由于其稳定、出众的性能,不少公司还在使用Caffe部署模型。Caffe2尽管做了许多改进,但是还远没有达到替代Caffe的地步。

2.3.5 MXNet

MXNet是一个深度学习库,支持C++、Python、R、Scala、Julia、MATLAB及JavaScript等语言;支持命令和符号编程;可以运行在CPU、GPU、服务器、台式机或者移动设备上。MXNet是CXXNet的下一代,CXXNet借鉴了Caffe的思想,但是在实现上更简洁。在2014年的NIPS上,同为上海交通大学校友的陈天奇与李沐碰头,讨论到各自在做深度学习Toolkits的项目时,发现大家普遍都在做很多重复性的工作,例如文件下载(loading)等。于是他们决定组建分布机器学习社区(Distributed Machine Learning Community,DMLC),号召大家一起合作开发MXNet,发挥各自的特长,避免重复造轮子。

MXNet以其超强的分布式支持,明显的内存、显存优化为人所称道。同样的模型,MXNet往往占用更小的内存和显存,并且在分布式环境下,MXNet展现出了明显优于其他框架的扩展性能。

由于MXNet最初由一群学生开发,缺乏商业应用,极大地限制了MXNet的使用。2016年11月,MXNet被AWS正式选择为其云计算的官方深度学习平台。2017年1月,MXNet项目进入Apache基金会,成为Apache的孵化器项目。

尽管MXNet拥有最多的接口,也获得了不少人的支持,但其始终处于一种不温不火的状态。个人认为这在很大程度上归结于推广不给力及接口文档不够完善。MXNet长期处于快速迭代的过程,其文档却长时间未更新,导致新手用户难以掌握MXNet,老用户常常需要查阅源码才能真正理解MXNet接口的用法。

为了完善MXNet的生态圈,推广MXNet,MXNet先后推出了MinPy、Keras和Gluon等诸多接口,但前两个接口目前基本停止了开发,Gluon模仿PyTorch的接口设计,MXNet的开发者李沐更是亲自上阵,在线讲授如何从零开始利用Gluon学习深度学习,诚意满满,吸引了许多新用户。

2.3.6 CNTK

2015年8月,微软公司在CodePlex上宣布由微软研究院开发的计算网络工具集CNTK将开源。5个月后,2016年1月25日,微软公司在他们的GitHub仓库上正式开源了CNTK。早在2014年,在微软公司内部,黄学东博士和他的团队正在对计算机能够理解语音的能力进行改进,但当时使用的工具显然拖慢了他们的进度。于是,一组由志愿者组成的开发团队设计了他们自己的解决方案,最终诞生了CNTK。

根据微软开发者的描述,CNTK的性能比Caffe、Theano、TensoFlow等主流工具都要强。CNTK 支持 CPU 和 GPU 模式，和 TensorFlow、Theano 一样，它把神经网络描述成一个计算图的结构，叶子节点代表输入或者网络参数，其他节点代表计算步骤。CNTK 是一个非常强大的命令行系统，可以创建神经网络预测系统。CNTK 最初是出于在 Microsoft 内部使用的目的而开发的，一开始甚至没有 Python 接口，而是使用了一种几乎没什么人用的语言开发的，而且文档有些晦涩难懂，推广不是很给力，导致现在用户比较少。但就框架本身的质量而言，CNTK 表现得比较均衡，没有明显的短板，并且在语音领域效果比较突出。

2.3.7 PyTorch

2017 年 1 月，Facebook 人工智能研究院(FAIR)团队在 GitHub 上开源了 PyTorch，并迅速占领 GitHub 热度榜榜首。

PyTorch 的历史可追溯到 2002 年诞生于纽约大学的 Torch。Torch 使用了一种不是很大众的语言 Lua 作为接口。Lua 简洁高效，但由于其过于小众，用的人不是很多。在 2017 年，Torch 的幕后团队推出了 PyTorch。PyTorch 不是简单地封装 Lua Torch 提供 Python 接口，而是对 Tensor 之上的所有模块进行了重构，并新增了最先进的自动求导系统，成为当下最流行的动态图框架。PyTorch 具有以下特性：

(1) 简洁。PyTorch 的设计追求最少的封装，尽量避免重复造轮子。不像 TensorFlow 中充斥着 session、graph、operation、name_scope、variable、tensor、layer 等全新的概念，PyTorch 的设计遵循 tensor→variable(autograd)→nn.Module 三个由低到高的抽象层次，分别代表高维数组(张量)、自动求导(变量)和神经网络(层/模块)，而且这三个抽象之间联系紧密，可以同时进行修改和操作。简洁的设计带来的另外一个好处就是代码易于理解。PyTorch 的源码只有 TensorFlow 的十分之一左右，更少的抽象、更直观的设计使得 PyTorch 的源码十分易于阅读。

(2) 速度。PyTorch 的灵活性不以速度为代价，在许多评测中，PyTorch 的速度表现胜过 TensorFlow 和 Keras 等框架。框架的运行速度和程序员的编码水平有极大关系，但同样的算法，使用 PyTorch 实现更有可能快过用其他框架实现。

(3) 易用。PyTorch 是所有框架中面向对象设计的最优雅的一个。PyTorch 的面向对象的接口设计来源于 Torch，而 Torch 的接口设计以灵活易用著称，Keras 作者最初就是受 Torch 的启发才开发了 Keras。PyTorch 继承了 Torch 的衣钵，尤其是 API 的设计和模块的接口都与 Torch 高度一致。PyTorch 的设计最符合用户的思维，它让用户尽可能地专注于实现自己的想法，即所思即所得，不需要考虑太多关于框架本身的束缚。

(4) 活跃的社区。PyTorch 提供了完整的文档和循序渐进的指南，并且作者亲自维护论坛供用户交流和求教问题。Facebook 人工智能研究院对 PyTorch 提供了强力支持，作为当今排名前三的深度学习研究机构，FAIR 的支持足以确保 PyTorch 获得持续的开发更新，不至于像许多由个人开发的框架那样昙花一现。

2.3.8 其他框架

除了上述的几个框架，还有不少的框架，都具有一定的影响力和相应的用户。例如，百度开源的PaddlePaddle、CMU开发的DyNet、简洁无依赖符合C++11标准的tiny-dnn、使用Java开发并且文档极其优秀的Deeplearning4J、英特尔开源的Nervana、Amazon开源的DSSTNE等框架。这些框架各有优缺点，但是大多流行度和关注度不够，或者局限于一定的领域。此外，还有许多专门针对移动设备开发的框架，如CoreML、MDL，这些框架纯粹为部署而诞生，不具有通用性，也不适合作为研究工具。

2.4 本章小结

本章首先介绍了神经网络的基本原理以及常见的网络模型；然后介绍了深度学习的主要研究方向，包括卷积神经网络、自动编码器、生成对抗网络以及循环神经网络；最后介绍了深度学习训练模型常用的框架。

参考文献

[1] SHRIVASTAVA A, PFISTER T, TUZEL O, et al. Learning from Simulated and Unsupervised Images through Adversarial Training[C]. Proceedings of the 2017 IEEE Conference on Computer Vision and Pattern Recognition(CVPR),2017: 2242-2251.

[2] HUANG R,ZHANG S,LI T Y, et al. Beyond Face Rotation: Global and Local Perception GAN for Photorealistic and Identity Preserving Frontal View Synthesis[C]. Proceedings of the 2017 IEEE International Conference on Computer Vision(ICCV),2017: 2458-2467.

[3] LEDIG C,THEIS L,HUSZÁR F, et al. Photo-realistic Single Image Super-resolution Using a Generative Adversarial Network[C]. Proceedings of the 2017 IEEE Conference on Computer Vision and Pattern Recognition(CVPR),2017: 105-114.

[4] Bai Y C,Zhang Y Q,Ding M L, et al. Finding Tiny Faces in the Wild with Generative Adversarial Network[C]. Proceedings of the 2018 IEEE/CVF Conference on Computer Vision and Pattern Recognition(CVPR),2018: 21-30.

[5] ZHU J Y,PARK T, ISOLA P, et al. Unpaired Image-to-Image Translation Using Cycle-consistent Adversarial Networks[C]. Proceedings of the 2017 IEEE International Conference on Computer Vision (ICCV),2017: 2242-2251.

[6] Wei L H,Zhang S L, Gao W, et al. Person Transfer GAN to Bridge Domain Gap for Person Re-identification[C]. Proceedings of the 2018 IEEE/CVF Conference on Computer Vision and Pattern Recognition(CVPR),2018: 79-88.

[7] Azadi S,Fisher M,Kim V, et al. Multi-content GAN for Few-shot Font Style Transfer[C]. Proceedings of the 2018 IEEE/CVF Conference on Computer Vision and Pattern Recognition (CVPR),2018: 7564-7573.

[8] Chen Y,Lai Y K, Liu Y J, et al. CartoonGAN: Generative Adversarial Networks for Photo Cartoonization[C]. Proceedings of the 2018 IEEE/CVF Conference on Computer Vision and Pattern Recognition(CVPR),2018: 9465-9474.

[9] Kupyn O,Budzan V, Mykhailych M,et al. DeblurGAN: Blind Motion Deblurring Using Conditional Adversarial Networks[C]. Proceedings of the 2018 IEEE/CVF Conference on Computer Vision and Pattern Recognition(CVPR),2018: 8183-8192.

第3章 基于深度学习的图像检索

CHAPTER 3

本章根据不同的深度学习体系结构，介绍深度学习在图像检索领域的研究进展，主要包括基于卷积神经网络的图像检索、基于生成对抗网络的图像检索、基于注意力机制的图像检索、基于循环神经网络的图像检索和基于强化学习的图像检索。

3.1 基于卷积神经网络的图像检索

基于特征学习的卷积神经网络(CNN)已经被广泛应用于图像检索。用于图像检索的典型CNN结构如图3-1所示。CNN由不同的层组成，包括卷积层、非线性层、归一化层以及全连接层等。通常，全连接层学习到的抽象特征被用于生成哈希码和描述符。

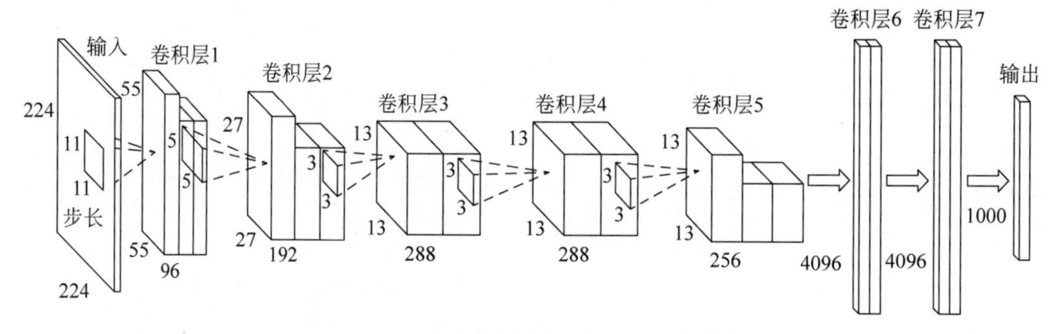

图3-1 用于图像检索的卷积神经网络结构

2014年，瑞典皇家理工学院的Ali Sharif Razavian使用从OverFeat网络提取的特征作为通用图像表示来处理图像分类、场景识别、细粒度识别、属性检测和图像检索等任务，通过与各种数据集上视觉分类任务中的最先进算法相比，CNN获得了几乎一致的优异效果，实验结果表明，使用CNN学习获得特征是大多数视觉识别任务的主要选择。

同年，莫斯科物理技术大学的Artem Babenko在几个标准的图像检索基准数据集上评估深度神经网络在图像检索应用中的性能表现，并得出如下结论：①即使使用为分类任务训练的CNN来检索图像,并且当训练数据集和检索数据集彼此差异很大时,CNN也表现良好。当CNN在与检索数据集更相关的图像上重新训练时,这种性能会进一步提高。②图像检索的最佳性能不是在网络的最顶层获得的,而是在输出层的前两层获得的。即使使用CNN对相关的图像进行重新训练,这种效果仍然存在。

虽然复杂的图像外观变化对可靠检索构成巨大挑战,但鉴于CNN在各种视觉任务上学习的鲁棒性,2016年,中国科学院大学的Liu Haomiao使用深度监督哈希(Deep Supervised Hashing,DSH)方法学习紧凑的二进制代码,在大规模数据集上进行高效的图像检索。DSH的网络结构如图3-2所示。DSH采用一种CNN架构,输入为图像对(无论两幅图像是否相似),输出为二进制编码。DSH模型学习图像特征的二进制编码,其主要优点包括:①相似的图像在汉明空间上编码相似;②二进制编码计算效率更高。

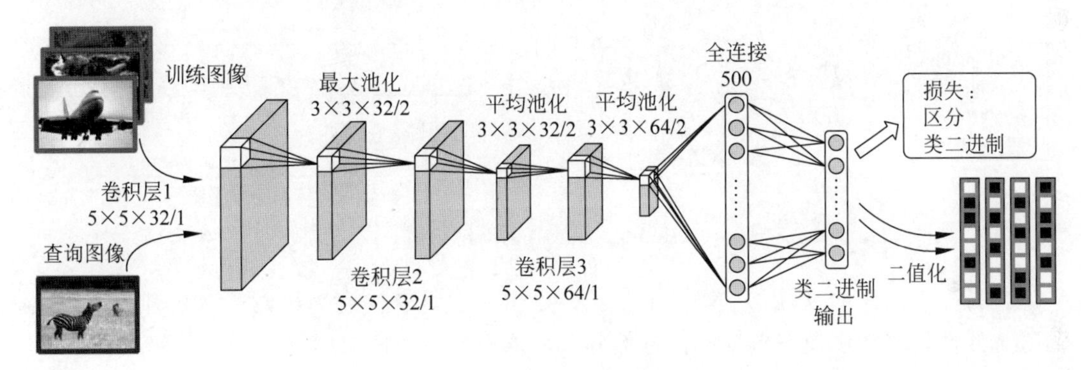

图3-2 DSH的网络结构

通过设计不同的损失函数,CNN模型被大量用于生成哈希编码,从而进行有效的图像检索,例如,2016年施乐欧洲研究中心的Albert Gordo使用三流连体网络,利用三重排序损失优化卷积区域中最大激活表示的权重;清华大学的Cao Yue使用配对损失构建相似度学习,利用量化损失控制哈希质量;2017年清华大学的Cao Zhangjie提出加权成对交叉熵损失函数,用于从不平衡的相似性关系中进行相似性保留学习。

学习到的CNN抽象特征可用于不同模式下的图像检索,例如无监督图像检索模型DBD-MQ(Deep Binary Descriptor with Multi-Quantization,多量化深度二进制描述器)、SADH(Similarity-Adaptive Deep Hashing,相似性自适应深度哈希)、DeepBit,有监督图像检索模型FusionNet,以及半监督图像检索模型SSDH(Semi-Supervised Deep Hashing,半监督深度哈希)等。

3.2 基于生成对抗网络的图像检索

2017年,电子科技大学的Wang Bokun基于对抗学习机制在不同模态之间互相作用获得有效的共享子空间,提出一种对抗性的跨模态检索方法(Adversarial Cross-Modal

Retrieval,ACMR),如图 3-3 所示。跨模态检索任务的核心是特征映射器和模态分类器之间的相互作用。特征映射器为公共子空间中的不同模态的项目生成模态不变表示,其目的是混淆充当对手的模态分类器;模态分类器试图根据其模态区分项目,并以这种方式控制特征映射器的学习。

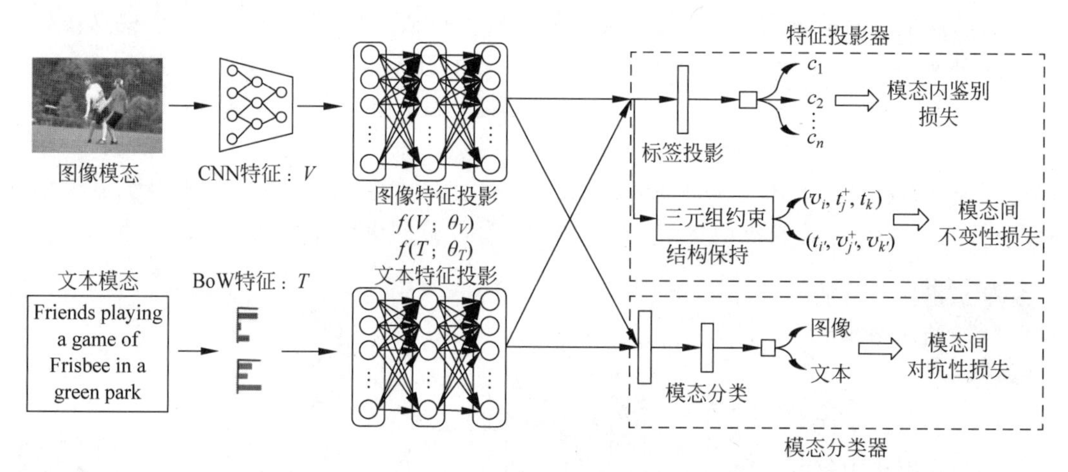

图 3-3 ACMR 的网络结构

在另一项工作中,中山大学的 Zhang Xi 提出一种具有注意力机制的对抗性哈希网络,通过选择性地关注多模态数据的信息部分来增强内容相似性的测量。

2018 年,电子科技大学的 Song Jingkuan 提出二进制生成对抗网络(Binary Generative Adversarial Network,BGAN),利用无监督的方式实现图像检索,主要通过设计新的激活函数和目标函数解决两个问题:

(1) 如何在不松弛的情况下生成图像的哈希(二进制)表示;

(2) 如何利用哈希实现准确的图像检索。

BGAN 的网络结构如图 3-4 所示。

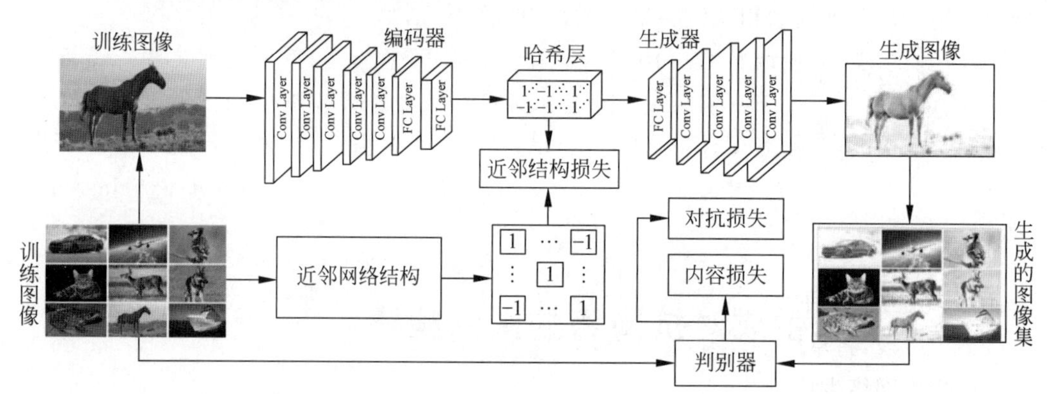

图 3-4 BGAN 的网络结构

同年，匹兹堡大学的 Kamran Ghasedi Dizaji 基于对抗网络提出一种新的深度无监督哈希网络 HashGAN，无须任何监督训练即可有效地输入图像的二进制表示。HashGAN 由生成器、判别器和编码器三部分组成，通过共享编码器和判别器的参数训练深度哈希网络。

与此同时，清华大学的 Cao Yue 研究另外一个 HashGAN，通过使用成对的条件 Wasserstein GAN 生成更多样本，进一步学习图像检索的哈希码。

西安电子科技大学的 Li Chao 提出一种自监督对抗性哈希(Self-Supervised Adversarial Hashing，SSAH)方法，它是早期尝试将对抗学习以自监督方式纳入跨模态哈希的方法之一。这项工作的主要贡献是利用两个对立的网络最大限度地提高不同模态之间表示的语义相关性和表示一致性，并利用自监督语义网络以多标签标注的形式发现高层次的语义信息。这些信息指导了特征学习过程，并在共同语义空间和汉明空间中保持了模态关系。SSAH 的网络结构如图 3-5 所示。

2019 年，中国科学院大学的 Gu Wendell 提出一种用于跨模态检索的对抗引导非对称哈希(Adversary Guided Asymmetric Hashing，AGAH)方法。如图 3-6 所示，该方法联合学习端到端架构中每种模态的特征表示和哈希码。为了增强特征学习部分，采用一个对抗性学习引导的多标签注意模块。在该模块中，首先利用对抗策略学习特征，达到跨模态表示的分布一致性，然后通过多标签注意力关注每个特征的标签信息，从而学习有区别的特征表示。此外，生成的二进制代码应保留每个项目的多标签语义。为了实现这一目标，采用多标签二进制码映射，可以为哈希码配备多标签语义信息，从而保证多标签语义的保持。为了保证所有相似对与不相似对的相似度更高，采用三元组边界约束和余弦量化技术进行汉明空间相似度保持，从而保留所有项目对之间的较高等级相关性。

西安电子科技大学的 Deng Cheng 通过将语义相似性保留目标与对抗性哈希学习框架相结合，提出一种无监督对抗性哈希(Unsupervised ADversarial Hashing，UADH)方法。如图 3-7 所示，UADH 包括三个神经网络：①编码器网络，用于从真实图像生成哈希码；②生成器网络，用于从哈希码生成合成图像；③判别器网络，旨在分别区分来自编码器网络和生成器网络的哈希码和图像对。

2020 年，印度理工学院马德拉斯分校的 Anubha Pandey 为基于零样本的草图检索提出一种多阶段生成模型。该模型的灵感来自 StackGAN 架构，多级模型的输出被馈送到孪生网络以学习更好地嵌入并减少枢纽点问题。使用多阶段生成模型，可以生成更接近原始图像特征空间的细化特征。此外，孪生网络使用对比损失函数区分投影空间中给定的生成和真实图像特征对，这种方法有助于将基于草图的图像检索问题简化为多个子问题。如图 3-8 所示，第 1 阶段，将草图特征投影到图像域；第 2 阶段，生成图像特征的细节信息；第 3 阶段，使用孪生网络生成更鲜明的特征。

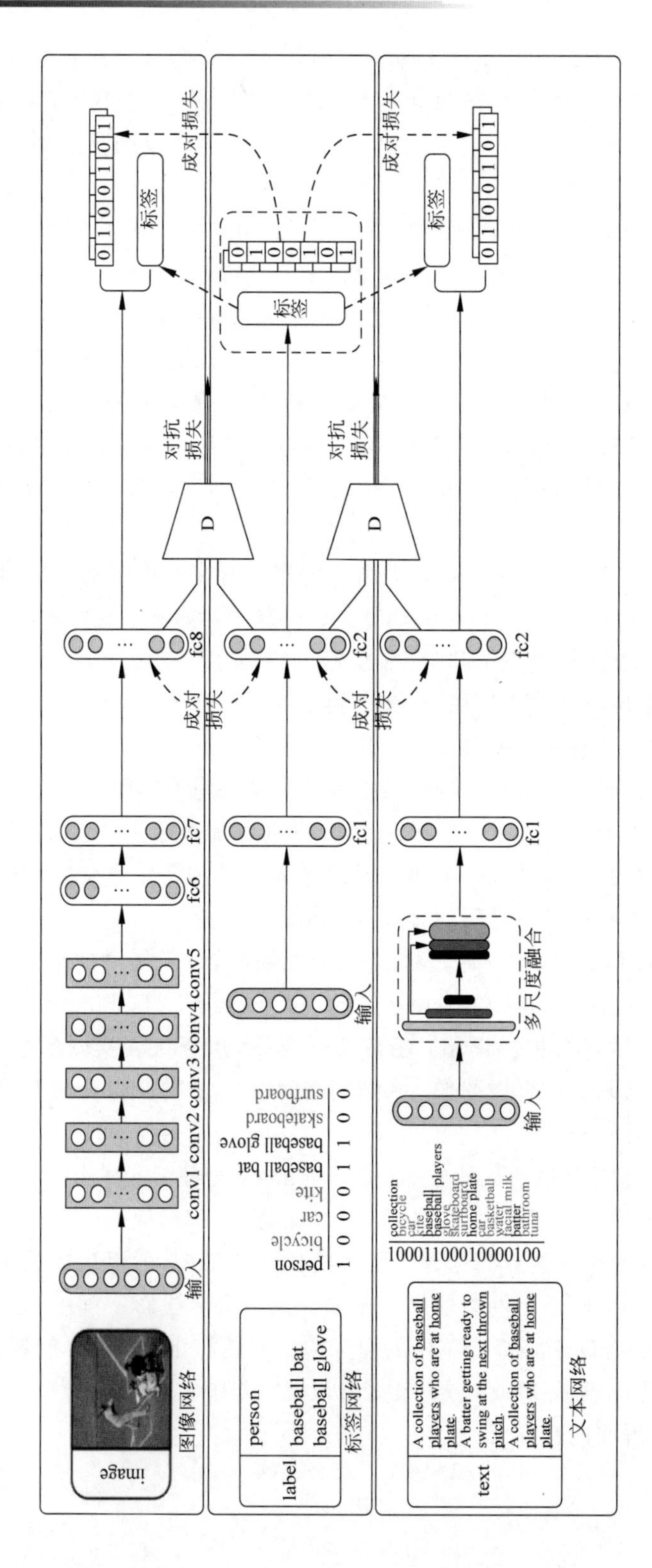

图 3-5 SSAH 的网络结构

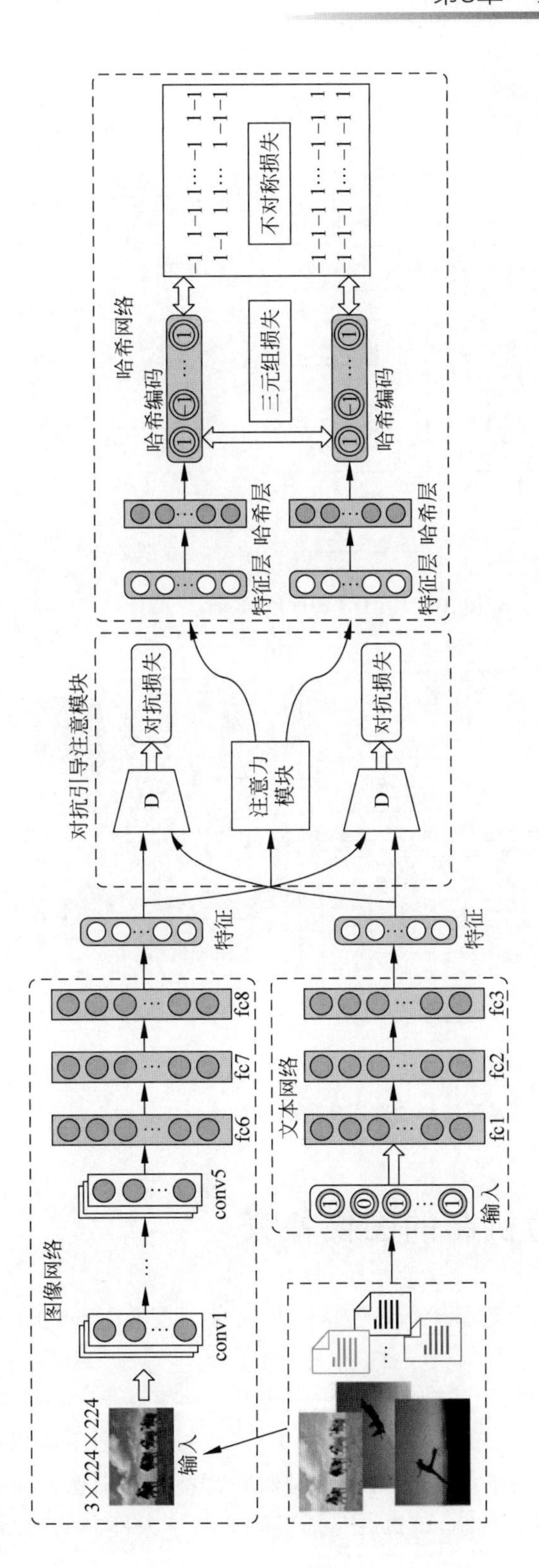

图 3-6 AGAH 的网络结构

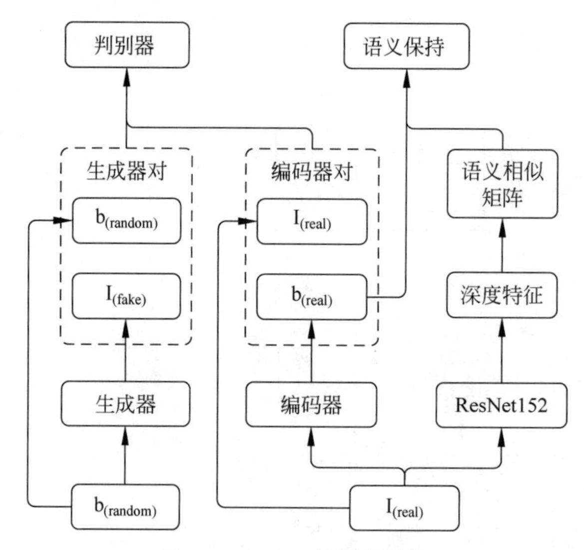

图 3-7 UADH 的网络结构

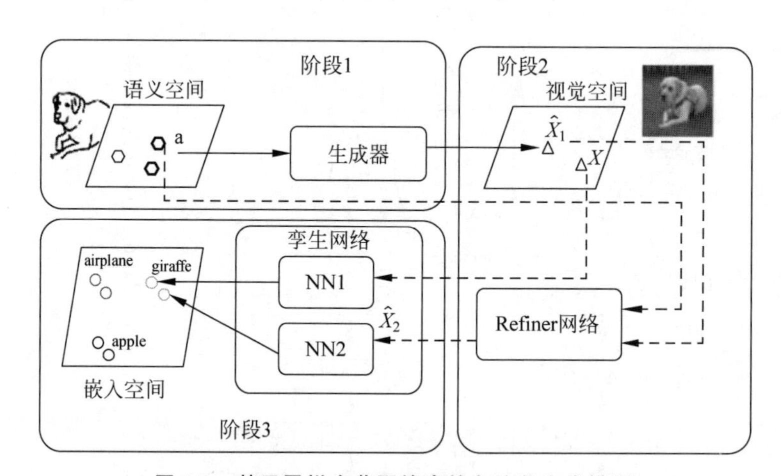

图 3-8 基于零样本草图检索的多阶段生成模型

3.3 基于注意力机制的图像检索

注意力机制是将显著性信息建模到特征空间中以避免背景噪声影响的一种非常有效的方式。

2017 年，韩国浦项科技大学的 Hyeonwoo Noh 提出一种适合于大规模图像检索的局部特征，称为深度局部特征(Deep Local Feature，DELF)。新的特征利用卷积神经网络，基于图像级别标注的地标图像数据进行训练。为了确保该局部特征对图像检索任务的有效性，引入了一个选取关键点的注意力机制，该机制与局部特征共享大部分的网络参数，如图 3-9

所示。提出的框架可以替代图像检索领域的其他关键点特征提取方式，带来更高精度的特征匹配和几何验证。

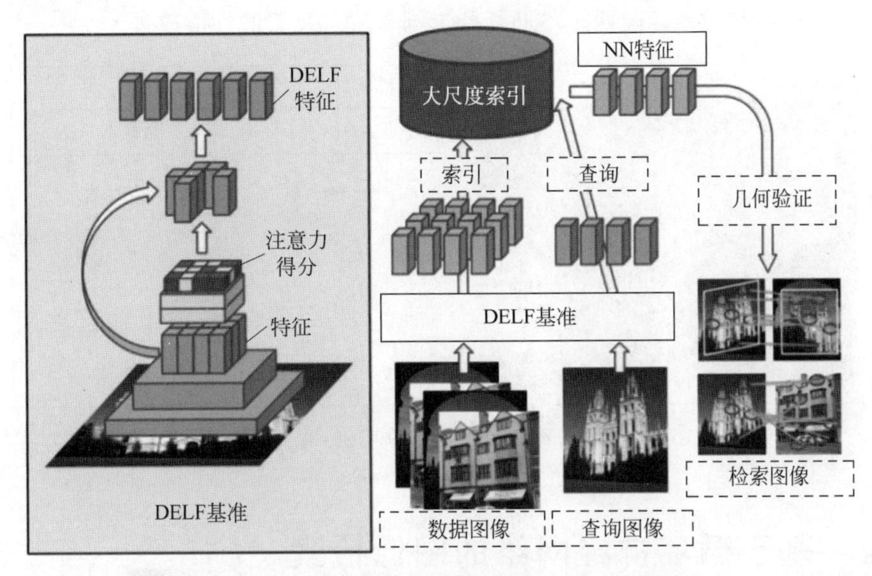

图 3-9 基于 DELF 和注意力的图像检索系统结构图

2019 年，新加坡南洋理工大学的 Huang Longkai 发现在深度哈希模型中使用基于梯度下降的算法可能会导致一对训练实例的哈希码在优化过程中同时朝着彼此方向更新，因此提出一种梯度注意力机制，通过神经网络为每对训练实例哈希码的梯度生成注意力，如图 3-10 所示。通过梯度注意力机制，可以加快学习过程。

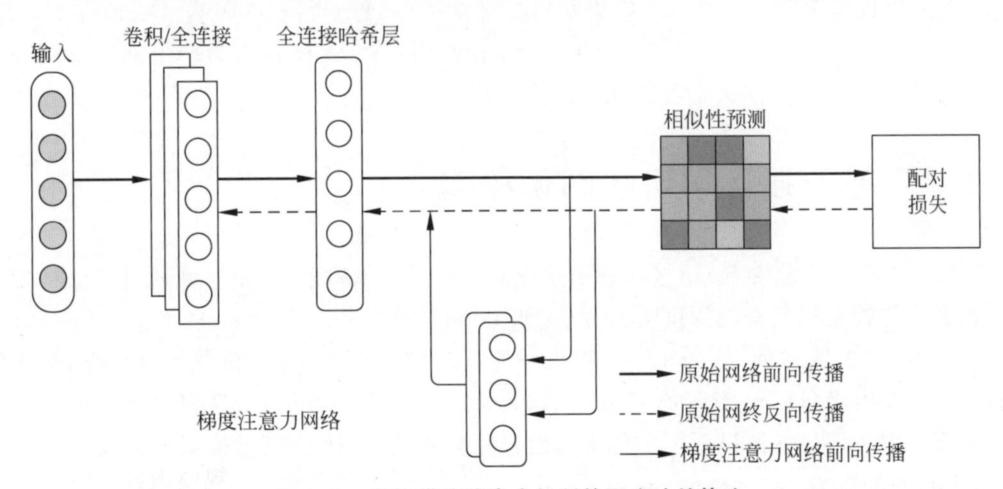

图 3-10 基于梯度注意力机制的深度哈希算法

2020 年，伦敦帝国理工学院的 Tony Ng 利用不同空间位置特征之间的二阶关系，结合二阶描述符的相似性，提出用于图像检索的二阶损失和注意力描述符（Second-Order Loss and Attention for Image Retrieval，SOLAR）。如图 3-11 所示，左图表示在空间上学习最佳的相对特征贡献，右图表示在描述符空间中使用二阶相似度使集群之间的距离保持一致。该方法在图像检索和图像匹配两个不同任务上都带来了显著的性能改进。

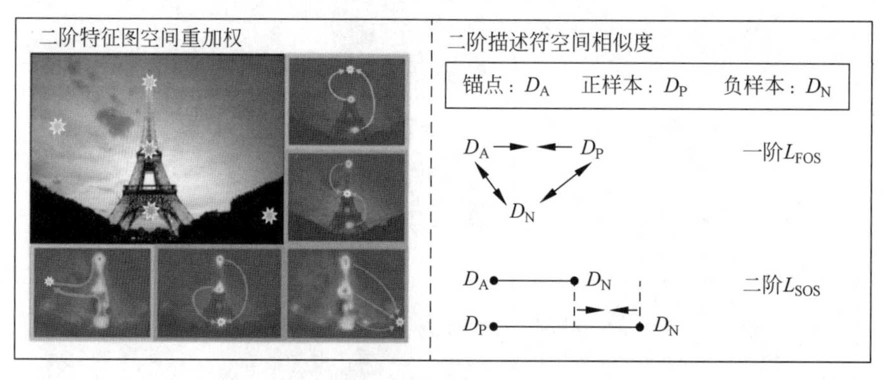

图 3-11　SOLAR 示例

3.4　基于循环神经网络的图像检索

近年来，利用循环神经网络（Recurrent Neural Network，RNN）和长短期记忆网络（Long Short-Term Memory，LSTM）学习图像描述进行图像检索的研究不断涌现出来。

2017 年，英国东英吉利大学的 Shen Yuming 使用基于区域的卷积神经网络和 LSTM 模块进行文本-视觉交叉检索。中国科学院西安光学精密机械研究所的 Lu Xiaoqiang 利用分层 RNN 生成用于图像检索的有效哈希码。

2019 年，新加坡南洋理工大学的 Chen Zhuo 使用 LSTM 模块作为孪生网络框架中卷积和全连接块之间的基准来学习图像检索描述符。

3.5　基于强化学习的图像检索

2018 年，清华大学的 Yuan Xin 利用强化学习进行图像检索，提出一种通过策略梯度进行可扩展图像检索的无松弛深度哈希方法，如图 3-12 所示。

2020 年，复旦大学的 Yang Juexu 提出一种具有冗余消除的深度强化哈希模型，称为深度强化去冗余哈希（Deep Reinforcement De-Redundancy Hashing，DRDH），它可以充分利用大规模相似性信息并通过深度强化学习消除冗余哈希位，减少图像检索相似度计算中的歧义，如图 3-13 所示。

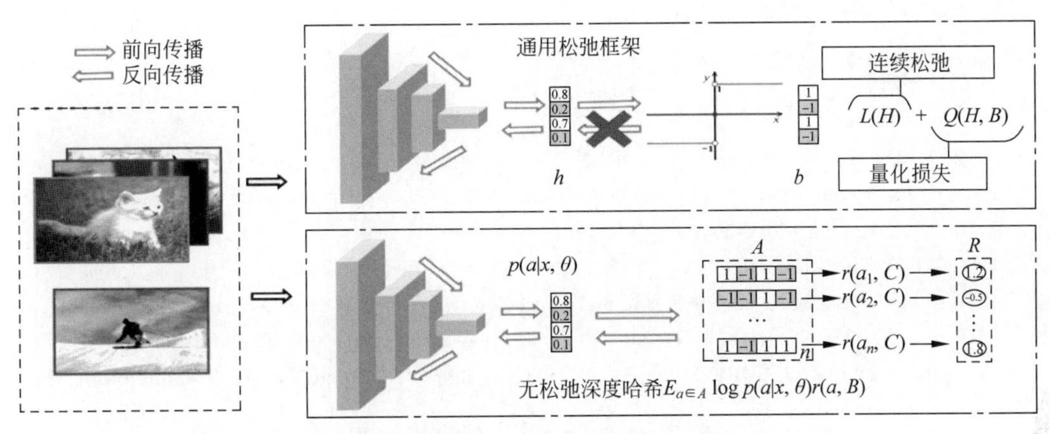

图 3-12 基于策略梯度的无松弛深度哈希方法

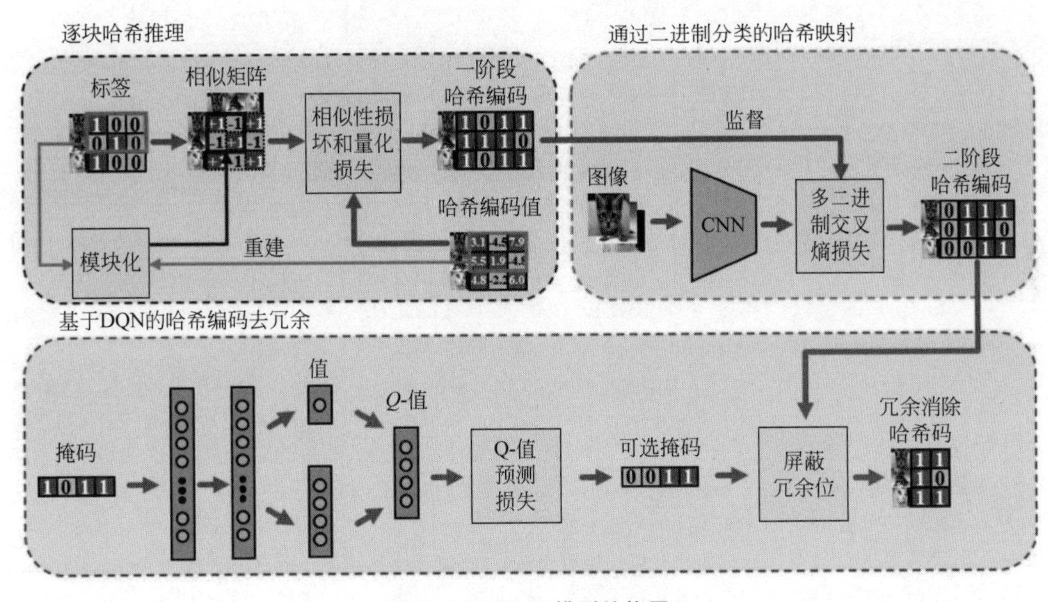

图 3-13 DRDH 模型结构图

3.6 本章小结

本章总结了近几年深度学习技术在图像检索领域的发展情况，包括基于卷积神经网络的图像检索、基于生成对抗网络的图像检索、基于注意力机制的图像检索、基于循环神经网络的图像检索以及基于强化学习的图像检索。

参考文献

[1] RAZAVIAN A S,AZIZPOUR H, SULLIVAN J,et al. CNN Features Off-the-Shelf: An Astounding Baseline for Recognition[C]. Proceedings of the 2014 IEEE Conference on Computer Vision and Pattern Recognition Workshops (CVPR),2014: 512-519.

[2] BABENKO A, SLESAREV A, CHIGORIN A, et al. Neural Codes for Image Retrieval[C]. Proceedings of the 2014 European Conference on Computer Vision(ECCV),2014: 584-599.

[3] LIU H,WANG R, SHAN S, et al. Deep Supervised Hashing for Fast Image Retrieval[C]. Proceedings of the 2016 IEEE Conference on Computer Vision and Pattern Recognition(CVPR), 2016: 2064-2072.

[4] CAO Y,LONG M, WANG J,et al. Deep Visual-semantic Quantization for Efficient Image Retrieval [C]. Proceedings of the 2017 IEEE Conference on Computer Vision and Pattern Recognition(CVPR), 2017: 916-925.

[5] CAO Z,LONG M, WANG J, et al. HashNet: Deep Learning to Hash by Continuation[C]. Proceedings of the 2017 IEEE International Conference on Computer Vision(ICCV),2017: 5609-5618.

[6] SHEN F,XU Y, LIU L, et al. Unsupervised Deep Hashing with Similarity-adaptive and Discrete Optimization[J]. IEEE Transactions on Pattern Analysis and Machine Intelligence, 2018, 40(12): 3034-3044.

[7] LIN K,LU J,CHEN C S, et al. Unsupervised Deep Learning of Compact Binary Descriptors[J]. IEEE Transactions on Pattern Analysis and Machine Intelligence,2018,41(6): 1501-1514.

[8] WANG B,YANG Y, XU X, et al. Adversarial Cross-modal Retrieval[C]. Proceedings of the 2017 ACM International Conference on Multimedia (ACMMM),2017: 154-162.

[9] ZHANG X,LAI H, FENG J. Attention-aware Deep Adversarial Hashing for Cross-modal Retrieval [C]. Proceedings of the 2018 European Conference on Computer Vision(ECCV),2018: 591-606.

[10] DIZAJI K G,ZHENG F, NOURABADI N S, et al. Unsupervised Deep Generative Adversarial Hashing Network[C]. Proceedings of the 2018 IEEE/CVF Conference on Computer Vision and Pattern Recognition(CVPR),2018: 3664-3673.

[11] LI C,DENG C,LI N, et al. Self-supervised Adversarial Hashing Networks for Cross-modal Retrieval [C]. Proceedings of the 2018 IEEE/CVF Conference on Computer Vision and Pattern Recognition (CVPR),2018: 4242-4251.

[12] WEI S,LIAO L,LI J, ET AL. Saliency Inside: Learning Attentive CNNs for Content-based Image Retrieval[J]. IEEE Transactions on Image Processing,2019,28(9): 4580-4593.

[13] YANG J,ZHANG Y, FENG R,et al. Deep Reinforcement Hashing with Redundancy Elimination for Effective Image Retrieval[J]. Pattern Recognition,2020,100: 107-116.

第二篇　图像检索应用

第二篇以城市道路中的车辆图像为研究对象，论述深度学习在车辆图像检索中的最新研究进展及应用实践，主要涉及物体识别、目标检测、迁移学习、图像生成、超分辨率重建、多模型融合等技术内容。本篇各章内容编排如下：

第4章　基于深度神经网络的快速车辆图像检测

介绍一种基于连接-合并卷积神经网络的快速车辆图像检测方法，通过改善残差网络的结构，提升网络提取图像特征的能力，在保证精度的同时，实现实时的车辆图像定位与识别。

第5章　基于迁移学习场景自适应的车辆图像检索

介绍一种基于迁移学习场景自适应的车辆图像检索方法，通过转换源域与目标域车辆图像之间的风格，实现跨域场景下的车辆图像检索。

第6章　基于多视角图像生成的车辆图像检索

介绍一种基于多视角图像生成的车辆图像检索方法，通过生成对抗网络将单一视角的车辆图像转换成多个视角的相同身份的车辆图像，利用增强的车辆图像特征，提升车辆图像检索的效果。

第7章　基于车牌图像超分辨率重建的车辆图像检索

介绍一种基于车牌图像超分辨率重建的车辆图像检索方法，通过车牌检测、车牌图像超分辨率重建、车牌验证等过程，显著地提升车辆图像检索的效果。

第8章　多模型融合的渐进式车辆图像检索

介绍一种多模型融合的渐进式车辆图像检索框架，将车辆检测模型和多个车辆检索模型相结合，形成由粗到细的渐进式的车辆图像检索方法。

第 4 章 基于深度神经网络的快速车辆图像检测

CHAPTER 4

本章主要研究车辆图像检测技术，是图像检索技术的前期工作。车辆检测是目标检测技术在车辆领域的应用，主要任务是给定一张城市交通监控图像或一段视频，快速找出图像或视频中所有感兴趣的目标车辆，并确定它们的位置、形状和大小，进一步可以识别检测到车辆的属性特征，如车辆的颜色、类别等，从而为后续的车辆图像检索任务提供基础保障。

4.1 引言

随着深度学习在物体分类和目标检测任务中取得的广泛成功，大量先进的算法被应用到车辆检测任务中，并取得了显著的效果。但是，在实际的城市交通监控图像中，现有的算法仍存在一定的弊端，例如产生误检、漏检或重复检测等问题。如图 4-1 所示，一些非车辆的物体（如草坪、墙壁、车辆中的广告）被识别成车辆，一些特殊的车辆未被检测到，以及一些车辆被重复检测或同时被识别为两个不同类型的车辆。

为了解决车辆检测过程中出现的误检、漏检和重复检测等问题，本章在传统残差网络的基础上，修改残差网络中残差块的组合方式，包括分支数目和组合数目，通过改进车辆特征提取网络，获得具有丰富语义信息的特征向量，提升了车辆检测的准确率。

网络结构深度融合是提升模型性能的一个重要途径，Wang Jingdong 等(2016)认为不同分支的网络在中间层进行融合（或拼接等方式）能够产生很多潜在的共享参数的基础网络，同时优化信息的流动，从而帮助深层网络的训练。目前，随着残差网络获得的成功，多种深度融合的残差网络结构被提出用来增强特征图的表征能力，例如，Sergey Zagoruyko 等(2016)对残差块的体系结构进行研究，通过增加网络宽度并减少深度，提出了宽残差网络(Wide Residual Networks，WRNs)。Sasha Targ 等(2016)提出了一种深度双流体系结构(Resnet in Resnet，RiR)，融合了 ResNet 和标准的 CNN，并且易于实现。为进一步提升残差网络的优化能力，Zhang Ke 等(2016)提出了残差网络的残差网络(Residual Networks of Residual Networks，RoR)，RoR 在原始残差网络的基础上增加了水平方式的跳跃连接，提

(a) 误检

(b) 漏检

(c) 重复检测

图 4-1 现有的车辆检测方法在 KITTI 数据集上的检测效果

升了残差网络的学习能力。Christian Szegedy 等(2016)将 Inception 架构与残差网络相结合,提出了 Inception-v4,即 Inception-ResNet,不但加速了网络的训练,而且优于原始的 Inception 网络。Xie Saining 等(2016)提出了一种高度模块化的网络结构 ResNeXt,用于图像分类,实验表明,即使在保持复杂性的限制条件下,该网络也能够提高分类的准确性。Zhao Liming 等(2016)通过改变残差块的堆叠方式,提出了 Merge-and-Run FuseNet 模型,不但改善了信息流,而且易于训练。Huang Gao 等(2016)提出了 DenseNet 模型,其基本思路与 ResNet 一致,但是该模型建立的是前面所有层与后面层的密集连接,其优点有缓解梯度消失、加强特征传播、推动特征重用以及大幅度减少参数数量。Wang Fei 等(2017)提出了残差注意力网络(Residual Attention Network),该网络通过堆叠注意力模块构建,可以产生注意力感知功能,同时很容易将网络扩展到数百层。可以发现,以上这些方法都是通过修改残差网络的结构获得性能的提升。

因此,本章提出了一种基于连接-合并卷积神经网络的快速车辆检测(Connect-and-Merge Convolutional Neural Network for Fast Vehicle Detection,CMNet)方法,如图 4-2 所示。CMNet 是一个端到端的深度神经网络,主要由两部分组成:①连接-合并残差网络(Connect-and-Merge Residual Network,CMRN);②多尺度预测网络(Multi-Scale Prediction Network,MSPN)。CMRN 是一个增强的残差网络,旨在提取复杂场景中车辆的深度特征;MSPN 是一个全卷积神经网络,有 4 个不同尺度的分支用于预测,类似于特征金字塔的概念。为获得丰富的语义信息,将高层次的 MSPN 特征与低层次的 CMRN 特征进行融合,从而实现高效的车辆检测。具体地,给定监控摄像机采集的车辆图像或视频片段,首先,利用 CMRN 获取车辆图像的特征;然后,将特征信息传递到 MSPN 并与 CMRN

中相应的特征融合，同时预测所有车辆的边界框并推断其类别；最后，利用非极大值抑制的方法剔除重复的边框，得到最终的检测结果。本章分别在UA-DETRAC数据集和KITTI数据集上设计了多组实验，通过方法对比和消融实验表明，CMNet对于城市交通监控车辆的检测具有较好的鲁棒性。

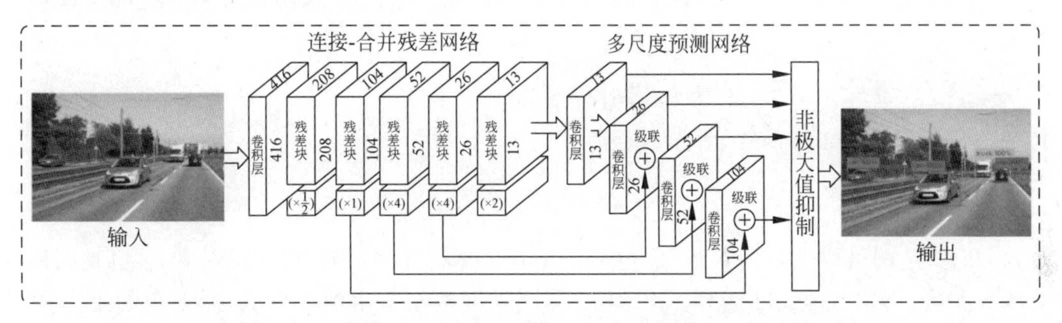

图 4-2 基于连接-合并卷积神经网络的快速车辆检测方法框架图

4.2 问题描述

根据前文中的定义，基于连接-合并卷积神经网络的快速车辆检测方法可以描述为：给定一张输入图像 I_k 或视频序列 $V=\{I_k\}_{k=1}^{K}$，其中，视频序列 V 包含 K 张连续的图像片段，每张图像中包含多个不同数量的目标车辆 X。输入任意一张交通图像 I_k，如图 4-3 所示，将其划分成 $n\times n$ 的网格，对于每一个目标车辆 X：

图 4-3 边界框预测

(1) 预测该车辆 X 在图像 I_k 中的边框的位置，包括中心点坐标以及宽度和高度，记为 (b_x, b_y, b_w, b_h)，定义如下：

$$b_x = \sigma(t_x) + c_x \tag{4-1}$$

$$b_y = \sigma(t_y) + c_y \tag{4-2}$$

$$b_w = p_w \mathrm{e}^{t_w} \tag{4-3}$$

$$b_h = p_h \mathrm{e}^{t_h} \tag{4-4}$$

其中，$\sigma(\cdot)$为 Sigmoid 函数，表示为

$$\sigma(x) = \frac{1}{1 + \exp(-x)} \tag{4-5}$$

而 t_x 和 t_y 是网络要学习的参数，经过 Sigmoid 运算将其映射到 0～1；t_w 和 t_h 也是网络要学习的参数，无须 Sigmoid 运算；c_x 和 c_y 是当前网格左上角到图像 I_k 左上角的距离；p_w 和 p_h 是先验框的宽度和高度。通过学习参数 (t_x, t_y, t_w, t_h)，计算预测边框的具体位置。

(2) 预测该车辆 X 的属性标签，如类别等。模型建立之后，采用平方和损失函数进行优化，实现最终的预测效果，其损失函数表达式如下：

$$\begin{aligned} \text{Loss} = \frac{1}{2}\sum_{i=1}^{N}\lambda_i^{\text{obj}}\Big\{(2 - G_i^w G_i^h)\sum_{r\in(x,y,w,h)}(G_i^r - P_i^r)^2 + \\ \sum_{r=0}^{m-1}[(r == G_i^{\text{class}})?\ 1{:}0 - P_i^{\text{class}_r}]^2\Big\} + (G_i^{\text{conf}} - P_i^{\text{conf}})^2 \end{aligned} \tag{4-6}$$

该损失函数包括位置损失、分类损失以及置信度损失三部分。其中，N 为样本总数，G 为真实边框，P 为预测边框，m 为目标车辆 X 的数量；当预测边框的中心点所在网格有目标车辆时，λ_{obj} 为 1，其他网格为 0。

4.3 基于连接-合并卷积神经网络的快速车辆检测方法

基于连接-合并卷积神经网络的快速车辆检测方法(CMNet)实现框架如图 4-2 所示。CMNet 采用端到端的深度神经网络，将整个车辆图像 I_k 或视频序列 $V=\{I_k\}_{k=1}^{K}$ 作为输入，同时输出检测到所有车辆的位置坐标 (b_x, b_y, b_w, b_h) 和相应的车辆信息，如车辆类别等。具体步骤包括：首先，CMNet 使用连接-合并残差网络(CMRN)提取车辆特征，CMRN 以并行的方式组装两个残差分支形成新的残差块；其次，在 CMRN 末端添加多个卷积特征层，并将这些卷积层划分成 4 个分支，形成多尺度预测网络(MSPN)；再次，为获得更丰富的语义信息，将 MSPN 与 CMRN 网络中相对应的特征进行融合，使用级联后的特征执行预测操作；最后，利用非极大值抑制的方法剔除重复的边框，得到最终的检测结果。下面详细介绍连接-合并残差网络(CMRN)和多尺度预测网络(MSPN)。

4.3.1　连接-合并残差网络提取车辆特征

搜索整个交通图像或视频序列以准确定位目标车辆的位置并推断其属性信息，这个过程的关键是特征提取网络。近年来，深度残差网络通过引入残差结构，使网络的深度大幅度提升，并广泛应用于各种物体分类与目标检测任务中。但是传统的深度残差网络按照串联方式顺序堆叠网络中的残差块，造成部分语义信息的丢失。特别地，对于城市交通监控的复杂场景，尤其是远处小的目标车辆，我们期待可以实现实时准确地检测与识别。

连接-合并残差网络(CMRN)通过堆叠连接-合并残差块来构建，旨在通过改善残差块之间的信息流动提升网络特征提取的能力。对于两个残差分支，图 4-4 比较了三种不同的组合方式，分别为传统按照串联方式顺序堆叠的两个残差块、按照并行方式形成类 Inception 的一个残差块、按照并行方式形成连接-合并的一个残差块。

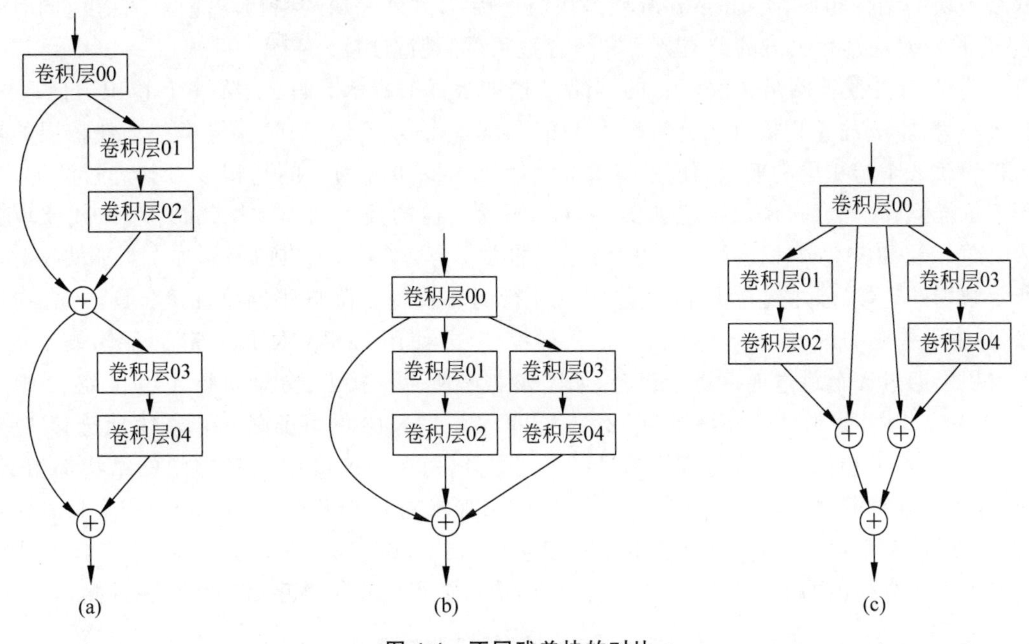

图 4-4　不同残差块的对比

图 4-4(a)由两个残差块组成，每个残差块包含两个分支：用于连接的恒等映射与由两个卷积层组成的残差分支。两个残差块之间按照串联方式顺序堆叠，并通过带加号的实心圆圈连接，该实心圆圈表示跳过连接(Shortcut Connection)。该残差块对应的公式定义如下：

$$y = F_t(x_t) + x_t \tag{4-7}$$

其中，x_t 和 y 表示第 t 个残差块的输入和输出；$F_t(x_t)$为转换函数，对应于由两个卷积层堆叠组成的残差分支；$F_t(x_t)+x_t$ 表示一个跳过连接。

图 4-4(b)为一个类 Inception 残差块，将两个残差分支并行组合，形成 3 个信息流和 1 个跳过连接。对应于第 t 和第 $t+1$ 个残差分支，该残差块对应的公式定义如下：

$$y=F_t(x_t)+F_{t+1}(x_t)+x_t \tag{4-8}$$

其中，x_t 和 y 表示第 t 个类 Inception 残差块的输入和输出。

图 4-4(c)为一个连接-合并残差块，通过连接-合并映射将两个残差分支并行组合，形成 4 个信息流和 3 个跳过连接。其中，连接-合并映射表示将残差块的输入分别连接到两个残差分支的输出(连接)，并将两个连接的输出合并作为后续残差块的输入(合并)。一个连接-合并残差块对应于图 4-4(a)中的两个传统残差块，连接-合并残差块对应的公式定义如下：

$$y_1=F_t(x_t)+x_t \tag{4-9}$$

$$y_2=F_{t+1}(x_t)+x_t \tag{4-10}$$

$$y=y_1+y_2=F_t(x_t)+F_{t+1}(x_t)+2x_t \tag{4-11}$$

其中，x_t 和 y 表示第 t 个连接-合并残差块的输入和输出；y_1 和 y_2 是两个跳过连接；$F_t(x_t)$和 $F_{t+1}(x_t)$对应第 t 与第$t+1$ 个残差分支。在相同残差分支的情况下，与传统串联残差块的结构相比，类 Inception 残差块与连接-合并残差块的结构均降低了深度，同时连接-合并残差块具有更多的分支数目和组合数目(即跳过连接)。

连接-合并残差网络(CMRN)的网络结构如表 4-1 所示。首先，第一个卷积层使用 32 个大小为 3×3 的卷积核过滤分辨率为 416×416 的输入图像。其次，将第一个卷积层的输出作为第二个卷积层的输入，使用 64 个大小为 3×3、步长为 2 的卷积核对其进行滤波，实现下采样操作。然后，添加 1 组如图 4-4(a)所示结构的残差块增加网络深度，该残差块由 1×1 卷积层和 3×3 卷积层组成，此时特征图的大小为 208×208。随后，添加 1 组如图 4-4(c)所示结构的连接-合并残差块，该残差块以并行的方式组合降低了网络深度；具体地，在连接-合并残差块的第一个卷积层执行下采样操作，并使用 Leaky ReLU 激活函数，剩下的 4 个卷积层通过 3 个跳过连接进行组合，如图 4-4(c)所示。接着，分别执行 4 组、4 组、2 组连接-合并残差块，分别对应分辨率为 52×52、26×26、13×13 的特征图；在这 10 组连接-合并残差块中，除了卷积核数目与特征图尺度不同之外，每一个连接-合并残差块的结构都相似；同时，为了规范网络结构，在所有卷积层之后添加批量标准化(Batch Normalization，BN)层。最后，CMRN 选取 4 个不同尺度(分别为 13×13、26×26、52×52 和 104×104)的特征图与 4.3.2 节提出的上采样特征图进行融合，形成最终的特征金字塔进行车辆预测。

表 4-1 连接-合并残差网络结构

	类　型	卷 积 核	尺　寸	输　入	输　出
	卷积层	32	3×3	416×416×3	416×416×32
	卷积层	64	3×3/2	416×416×32	208×208×64
1×	卷积层	32	1×1		
	卷积层	64	3×3		
	残差层				208×208×64
	卷积层	128	3×3/2	208×208×64	104×104×128

续表

	类　　型	卷　积　核	尺　　寸	输　　入	输　　出
1×	卷积层	64	1×1		
	卷积层	128	3×3		
	卷积层	64	1×1		
	卷积层	128	3×3		
	残差层				104×104×128
	卷积层	256	3×3/2	104×104×128	52×52×256
4×	卷积层	128	1×1		
	卷积层	256	3×3		
	卷积层	128	1×1		
	卷积层	256	3×3		
	残差层				52×52×256
	卷积层	512	3×3/2	52×52×256	26×26×512
4×	卷积层	256	1×1		
	卷积层	512	3×3		
	卷积层	256	1×1		
	卷积层	512	3×3		
	残差层				26×26×512
	卷积层	1024	3×3/2	26×26×512	13×13×1024
2×	卷积层	512	1×1		
	卷积层	1024	3×3		
	卷积层	512	1×1		
	卷积层	1024	3×3		
	残差层				13×13×1024
	平均池化		Global		
	连接数		4		
	分类				

注：1×、2×、4×分别表示1组、2组、4组相对应的残差块结构。

4.3.2　多尺度预测网络推断车辆信息

提取丰富的车辆特征后，车辆检测的另一个关键任务是预测车辆边界框的位置和车辆的类别。如图4-2右侧所示，CMNet将不同尺度的卷积层分成4个分支，尺度分别为13×13、26×26、52×52与104×104，同时每个分支独立执行车辆预测，直接回归车辆的位置和分类信息。受到特征金字塔中多尺度特征融合思想的启发，CMNet将尺度为13×13、26×26、52×52的卷积层，以2倍大小执行上采样操作，同时将上采样特征与4.3.1节中的连接-合并残差网络中相应尺度的特征图进行融合，融合之后的特征金字塔可以提取到图像中丰富的上下文信息，同时4个分支共享从CMRN网络提取的特征。对于每一个目标车辆，多尺度预测网络会产生多个边界框,CMNet 执行非极大值抑制算法消除每一个分类中非最佳的预测框。

在预测阶段,对于输入的车辆图像或视频序列,预测一个三维张量,分别为车辆边界框、车辆对象和车辆类别。CMNet 将特征图划分成 $N\times N$ 的网格,同时为每个网格预测 3 个不同的边界框,因此该三维张量的维度表示为 $N\times N\times[3*(4+1+k)]$,即 4 个边界框偏移量,1 个车辆对象和 k 个车辆类别。

4.3.3 利用锚点机制预测车辆边界框

为了高效预测不同尺度与宽高比的车辆边界框,Faster R-CNN 最早提出使用锚点框(Anchor box)作为预测物体边界框的参照物,代替了传统的图像金字塔与特征金字塔的方法,不但降低了网络训练的复杂度,而且大幅度提高了检测速度。之后,SSD、YOLOv2 与 YOLOv3 等方法均采用锚点机制预测物体边界框,并取得了良好的效果。借鉴前期的成功经验,CMNet 仍然采用锚点机制预测车辆边界框。在 CMNet 中,将 CMRN 与 MSPN 合并后的特征图划分为 $N\times N$ 的网格,每个网格预测 3 个尺度的边界框。因此,对于每一个输入图像,将产生 $(13^2+26^2+52^2+104^2)\times 3=43095$ 个预测框,可以准确地定位车辆位置和形状。

Faster R-CNN 在每个滑动位置利用 3 个尺度和 3 个纵横比的边界框产生 9 个锚点,SSD 使用 6 个纵横比的边界框表示不同形状的锚点。这些方法的共性是根据经验、使用手工方式获得锚点的尺度,然后在模型训练过程中调整锚点框的尺寸。受到 YOLOv2 的启发,CMNet 使用 k-means 聚类的方法对训练集的边界框做聚类,选取最合适的先验框,对车辆位置进行精准的预测,其中聚类方法中的距离公式定义如下:

$$d(\text{box},\text{centroid})=1-\text{IoU}(\text{box},\text{centroid}) \tag{4-12}$$

选取适当的 IoU 值,可以在模型的复杂度和召回率之间获得较好的平衡。

4.3.4 网络训练

CMNet 通过随机梯度下降(Stochastic Gradient Descent,SGD)算法进行端到端的训练。为了使训练过程快速收敛,使用在 COCO 数据集上对 80 个类别物体预训练的 Darknet-53 模型初始化连接-合并残差块中的共享卷积层,使用线性激活函数随机初始化网络中新添加的卷积层。整个网络训练过程包括车辆边界框预测、多尺度训练以及数据增强策略等。

训练时,根据锚点机制预测车辆的边界框,同时与真实边界框建立相应的联系。当预测的边界框与真实边界框具有最高的重叠率时,模型选定该预测边界框。需要注意的是,真实边界框只会与一个预测边界框匹配,即使与真实边界框的重叠率超过一定阈值的预测边界框,其预测结果也会被忽略。这样做可以避免为车辆重复预测边界框。

大部分的卷积神经网络在训练开始时会固定输入图像的尺寸,例如,Faster R-CNN 将图像的短边固定为 600 像素,这使得输入图像的大小独立于网络结构,但是会产生固定尺度的特征图,限制了测试阶段不同尺度物体的预测效果。为解决不同输入图像尺度的问题,在训练过程中,CMNet 每迭代 10 次,改变一次模型输入图像的大小。网络首先输入分辨率为 416×416 的图像,经过 5 次最大池化之后输出分辨率为 13×13 的特征图,即下采样 32 倍,因此 CMNet 采用 32 的倍数作为输入图像的尺度,具体采用 320、352、384、416、448、480、512、544、576、608 共 10 种尺度。当输入图像较大时,训练速度较慢,当输入图像较小时,训练速度较快,而多尺度训练可以提高网络的准确率,因此,可以获得速度和准确率之间较好的平衡。

为了增强模型的鲁棒性,CMNet 采用多种数据增强策略。首先,随机缩放具有不同纵横比的训练数据,使得模型在各种输入图像尺寸下更加稳健;其次,调整图像的饱和度、曝光度和色调,使模型尽可能精确地定位和分类具有不同外观的车辆;再次,利用图像抖动策略生成附加数据,处理车辆数据不平衡的问题,提高模型的泛化能力;最后,训练时以 0.5 的概率水平翻转每个训练数据。

4.4 实验结果与分析

本章在两个公开数据集 UA-DETRAC 和 KITTI 上评估提出的快速车辆检测方法(CMNet)的性能。实验基于 Darknet 神经网络框架实现,在配置有 Intel Core i7-7700K CPU 和 NVIDIA GTX 1080Ti GPU 的 PC 上运行。

4.4.1 数据集

1. UA-DETRAC 数据集

UA-DETRAC 数据集是真实场景中具有挑战性的车辆检测与跟踪的大规模数据集。该数据集使用 Cannon EOS 550D 相机拍摄于中国北京和天津,包含 24 个不同道路中 10 小时的视频片段,视频以 25 帧每秒的速度拍摄,分辨率为 960×540 像素。UA-DETRAC 数据集包含 100 个视频序列,其中 60 个视频序列为训练集,40 个视频序列为测试集。数据集中的车辆图像具有三种不同程度的遮挡,分别为完全可见、被其他车辆部分遮挡、被场景部分遮挡。车辆尺度分为三个等级,包括 0～50 像素的小尺度车辆、50～150 像素的中等尺度车辆以及超过 150 像素的大尺度车辆。UA-DETRAC 数据集考虑天气状况对数据的影响,在四种不同的天气条件下采集数据,如阴天、夜晚、晴天和雨天。不同天气条件下车辆的数据如图 4-5 所示。

2. KITTI 数据集

KITTI 数据集由德国卡尔斯鲁厄理工学院和丰田美国技术研究院联合创建,是目前国

图 4-5 UA-DETRAC 数据集中的车辆图像样本

际上最大的自动驾驶场景下的计算机视觉算法评测数据集。该数据集用于评测立体图像(Stereo)、光流(Optical Flow)、视觉测距(Visual Odometry)、3D 物体检测(Object Detection)和 3D 跟踪(Tracking)等计算机视觉技术在车载环境下的性能。KITTI 数据集包含在市区、乡村和高速公路等场景采集的真实图像数据,每张图像中最多达 15 辆车,还有各种程度的遮挡与截断。整个数据集由 389 个立体图像和光流图对、39.2 km 视觉测距序列以及超过 20 万个 3D 物体标签组成,以 10Hz 的频率采样及同步。图 4-6 为 KITTI 数据集中的车辆图像样本。

图 4-6 KITTI 数据集中的车辆图像样本

图 4-7 显示了不同数据集上每个类别所包含的车辆数量,即 Ground Truth 的数量。可以看到,两个数据集中 Car 类别的车辆是最多的,其他类别的车辆数量相对较少。

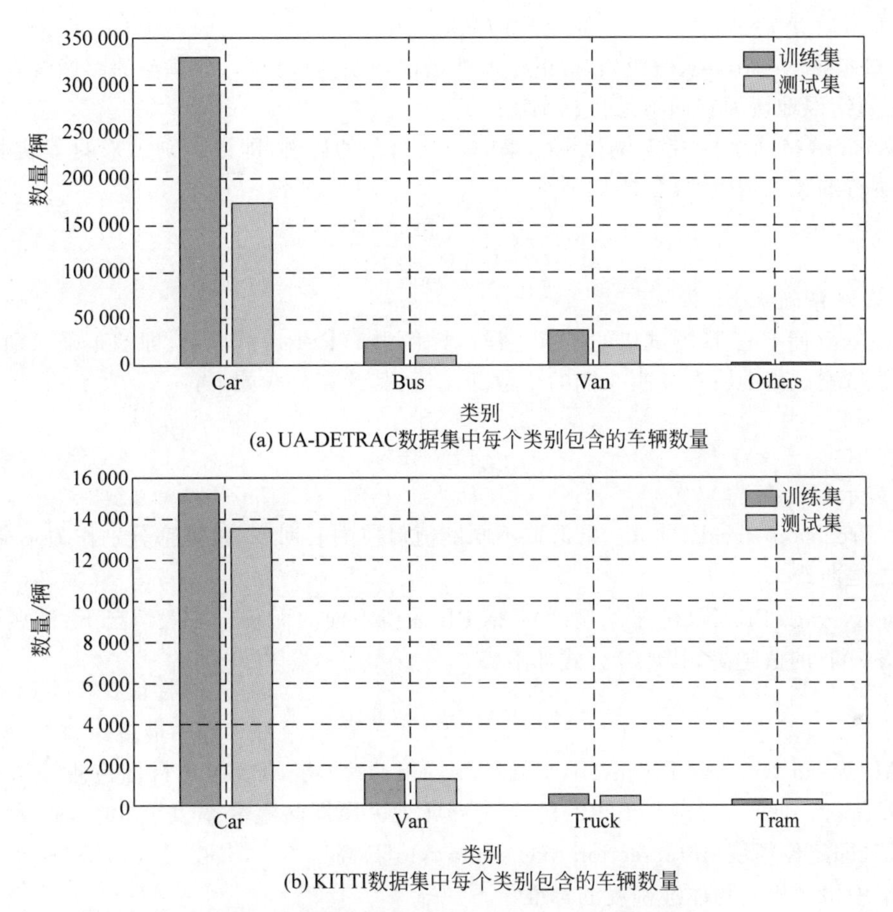

(a) UA-DETRAC数据集中每个类别包含的车辆数量

(b) KITTI数据集中每个类别包含的车辆数量

图 4-7　不同数据集上每个类别所包含的车辆数量

4.4.2　评价指标与实验设置

给定车辆图像或车辆视频序列，期待实时地在图像或视频中检测到出现的所有目标车辆，同时使用边界框将目标车辆标出，并识别车辆的类别信息。

1. 评价指标

本章使用平均精度均值(mean Average Precision，mAP)和每秒传输帧数(Frames Per Second，FPS)这两项指标评估车辆检测模型的性能，针对车辆检测任务涉及如下概念。

TP(True Positives，真正)：指正样本被正确识别为正样本，即车辆的图像被正确识别为车辆。

TN(True Negatives，真负)：指负样本被正确识别为负样本，即非车辆的图像没有被识别出来，模型正确地认为它们不是目标车辆图像。

FP(False Positives，假正)：指负样本被错误识别为正样本，即非车辆的图像被错误地识别成了车辆。

FN(False Negatives,假负)：指正样本被错误识别为负样本,即车辆的图像没有被识别出来,模型错误地认为它们不是目标车辆。

Precision(精确率)：指车辆检测结果中,TP所占的比例,即被识别出来的车辆中,真正的车辆所占的比例,其计算公式如下：

$$p=\frac{\mathrm{TP}}{\mathrm{TP}+\mathrm{FP}} \tag{4-13}$$

其中,p 表示精确率。

Recall(召回率)：指测试集的所有正样本样例中,TP所占的比例,即被正确识别出来的车辆个数与测试集中所有真实车辆的个数的比值,其计算公式如下：

$$r=\frac{\mathrm{TP}}{\mathrm{TP}+\mathrm{FN}} \tag{4-14}$$

其中,r 表示召回率。

PR(Precision-Recall)曲线：指选取不同阈值对应的召回率、精确率分别作为 x 轴、y 轴画出的二维曲线。

AP(Average Precision,平均精度)：指PR曲线下面的面积。一般情况下,模型的检测结果越好,AP的值越高,其计算公式如下：

$$\mathrm{AP}=\int_0^1 p(r)\mathrm{d}r \tag{4-15}$$

mAP(mean Average Precision,平均精度均值)：平均AP值,是目标检测算法中最重要的衡量指标。此外,当模型预测的边界框与真实边界框的重叠率大于50%时,为车辆分配正标签,即定位精度(Intersection over Union,IoU)高于0.5,其中,IoU是一种测量在特定数据集中检测相应物体准确度的标准。

FPS(Frames Per Second,每秒传输帧数,单位：f/s)：用来评估车辆检测的速度。FPS值越大,表示检测的速度越快,在监控场景中,FPS大于25即认为满足实时检测的要求。

2. 执行细节

本章在相同尺度的图像上训练和测试车辆检测模型,模型将输入图像缩放到416×416像素,整个训练过程如图4-2所示。为获得更好的检测精度,利用由连接-合并残差块堆叠的深度残差网络提取语义丰富的车辆特征,并使用4个不同尺度的卷积特征推断目标车辆的坐标位置和类别信息。

对于锚点框,利用 k-means 聚类的方法产生,用于预测目标车辆边界框的偏移量。对于KITTI数据集和UA-DETRAC数据集,分别在其训练集上运行 k-means 聚类产生各自的锚点框,如图4-8所示。可以看到,KITTI数据集产生的锚点框大都是高而窄的边界框,UA-DETRAC数据集产生的锚点框则是短而宽的边界框。对于两个数据集,均产生4个尺度的共12个锚点框,表4-2显示了CMNet中使用锚点框的尺度信息。从表4-2中可以看到,使用13×13、26×26、52×52、104×104四个尺度的特征图执行预测过程,同时特征图上的每个特征单元预测3个不同尺度的锚点框。

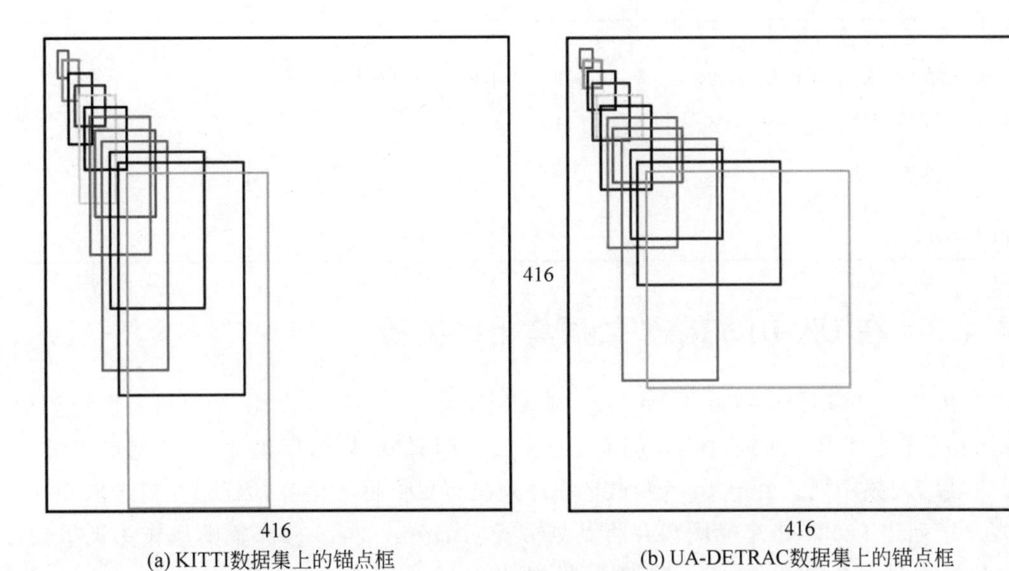

(a) KITTI数据集上的锚点框　　(b) UA-DETRAC数据集上的锚点框

图 4-8　使用 *k*-means 聚类在不同训练集上产生的锚点框

表 4-2　KITTI 数据集和 UA-DETRAC 数据集上不同尺度特征图锚点框的尺度

数　据　集	特征图 104×104	特征图 52×52	特征图 26×26	特征图 13×13
KITTI 数据集	9×25 15×37 22×63	26×38 34×94 39×55	55×120 56×77 60×200	84×136 112×202 124×368
UA-DETRAC 数据集	11×17 17×24 24×34	31×52 43×38 46×73	62×113 63×47 81×210	83×76 129×106 179×186

3. 实验设置

在两个数据集中，网络 CMNet 执行相同的训练过程，通过随机梯度下降(SGD)算法端到端地进行训练(如算法 4-1 所示)，使用在 COCO 数据集上对 80 个类别的物体预训练的模型初始化残差网络中的共享卷积层，对新增加的卷积层使用线性激活函数从头开始训练。整个网络迭代 50000 次，batch_size 设置为 64，并分为 16 组，动量(momentum)和权重衰减(decay)分别设置为 0.9 和 0.0005。整个训练过程中，初始学习率(learning_rate)为 10^{-3}，并依次降低为 10^{-4} 与 10^{-5}。对应三个阶段的学习率，网络分别迭代 25000 次、15000 次、10000 次。

算法 4-1　使用动量的随机梯度下降算法(SGD)

Require：学习率 l，动量参数 α
Require：初始参数 θ，初始速度 v

While 没有达到停止准则 do

从训练集中采集包含 m 个样本$\{x^{(1)},\cdots,x^{(m)}\}$的小批量,对应目标为 $y^{(i)}$

计算梯度估计:$g \leftarrow \frac{1}{m} \nabla_\theta \sum_i L(f(x^{(i)};\theta),y^{(i)})$

计算速度更新:$v \leftarrow \alpha v - lg$

应用更新:$\theta \leftarrow \theta + v$

end while

4.4.3 在 UA-DETRAC 数据集上的实验

本节在 UA-DETRAC 数据集上综合评估 CMNet 模型的整体性能,同时进行多组消融实验,分析每个组成部分对最终模型的影响。UA-DETRAC 数据集包括 40 个测试视频序列、60 个训练视频序列。由于 40 个测试视频序列没有提供标签信息,因此,本节选取 60 个训练视频序列中 82082 张车辆图像并将其划分为两部分:50410 张车辆图像作为训练集、31672 张车辆图像作为测试集。同时该数据集包括 4 个车辆类别:Car、Bus、Van 和 Others。

1. 方法对比

表 4-3 显示了 CMNet 与 Faster R-CNN、SIN、MLKP、YOLO、YOLOv2、YOLOv3、SSD300、SSD512、DSSD、RefineDet320 以及 RefineDet512 这 11 个模型的实验对比情况。这些方法均使用本节选取的 UA-DETRAC 数据集进行训练和测试。从表 4-3 中可以看到,CMNet 获得了 91.71%的 mAP,在精度方面超过了参与比较的所有其他方法,同时以 47.49f/s 的速度实现了实时检测。

表 4-3 中前 3 行显示了基于区域的目标检测算法在 UA-DETRAC 数据集上的实验结果。最基础的目标检测方法 Faster R-CNN 获得了 72.67%的 mAP,比 CMNet 低 19.04%。SIN 与 MLKP 分别以 77.26%与 76.48%的 mAP 超越了 Faster R-CNN,但仍与 CMNet (91.71%的 mAP)有较大的差距。在速度方面,这三种方法最快的速度为 12.43f/s,均没有达到实时检测的要求。这些差距是因为 CMNet 采用残差神经网络获得了更丰富的车辆特征,并且消除了区域建议框的提取过程直接回归得到车辆的位置坐标与类别信息。

表 4-3 中 4~11 行显示了基于回归的目标检测算法在 UA-DETRAC 数据集上的实验结果。这些方法中 YOLOv3 的检测效果最好,获得了 88.09%的 mAP,但仍比 CMNet 低 3.62%。虽然 DSSD (ResNet-101)采用了 101 层的残差网络,但是由于其复杂的网络结构设计以及使用传统的残差模块,其检测精度仍然不高。这表明 CMNet 使用连接-合并残差结构以及多尺度预测网络可以获得更好的车辆检测效果。在速度方面,除了 DSSD (ResNet-101),其他方法均实现了实时检测,同时 YOLOv2 以 64.65f/s 获得了最高的检测速度。

表 4-3 不同方法在 UA-DETRAC 测试集上的检测结果

方 法	输入	FPS	mAP/%	Car/%	Bus/%	Van/%	Others/%
Faster R-CNN (VGG16)	—	11.23	72.67	84.40	85.49	70.49	50.29
SIN	—	10.79	77.26	83.54	84.27	78.05	63.18
MLKP	—	12.43	76.48	83.78	83.83	77.59	60.73
YOLO	448	42.34	62.52	69.38	67.42	61.86	51.43
YOLOv2	416	64.65	73.82	82.63	80.86	72.20	59.57
YOLOv3	416	51.26	88.09	90.46	88.73	86.72	86.43
SSD300	300	58.78	74.18	84.46	81.56	71.85	58.86
SSD512	512	27.75	76.83	84.74	84.32	76.64	61.62
DSSD (ResNet-101)	321	8.36	76.03	85.23	82.32	76.23	60.32
RefineDet320	320	46.83	76.97	85.74	85.39	75.84	60.90
RefineDet512	512	29.45	77.68	86.32	85.97	76.32	63.12
CMNet	416	47.49	91.71	92.68	91.14	93.78	89.23

图 4-9 显示了不同方法在 UA-DETRAC 数据集 4 个车辆类别(Car、Bus、Van 和 Others)上的 PR 曲线。从图中可以进一步发现,对于所有 4 个类别,通过比较 PR 曲线下方的面积(Area Under the Curve,AUC),CMNet 均获得了比其他方法更好的性能。

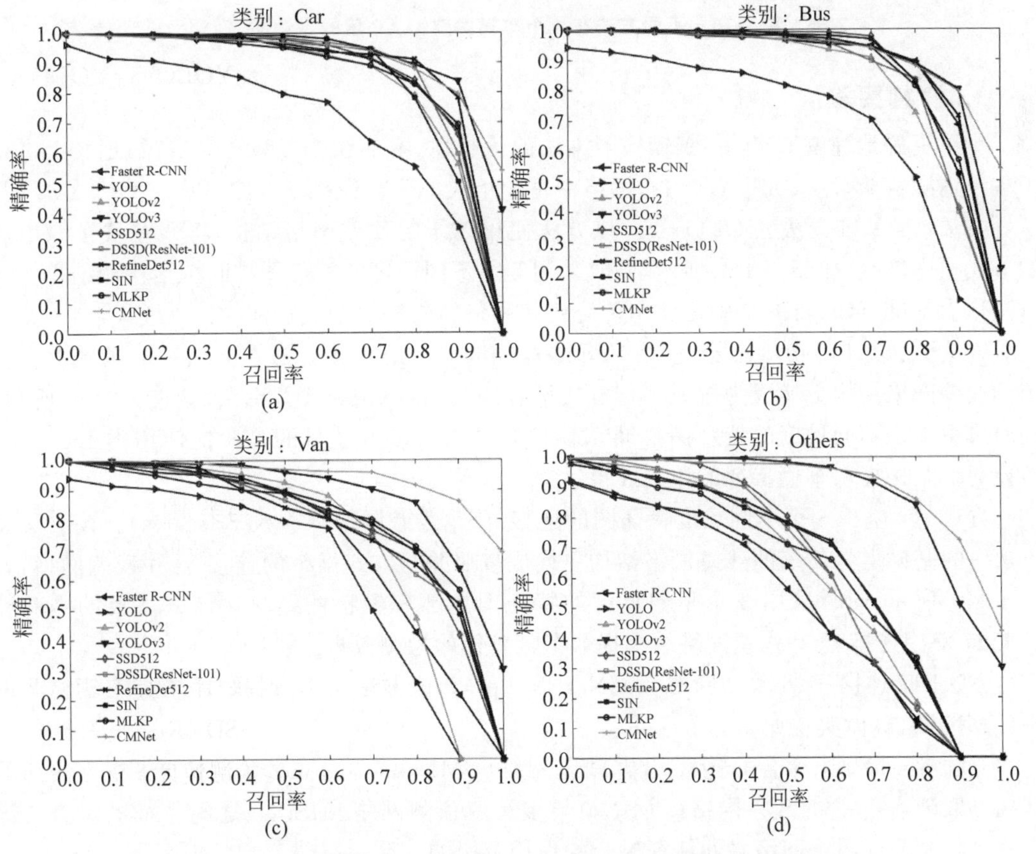

图 4-9 不同方法在 UA-DETRAC 数据集 4 个类别上的 PR 曲线

图 4-10 显示了不同方法在 4 个车辆类别(Car、Bus、Van 和 Others)上检测效果的平衡关系。尽管在 UA-DETRAC 数据集上每个类别的车辆数据不均衡,如图 4-7(a)所示,但是从图 4-10 中可以看到,CMNet 和 YOLOv3 对不同类别车辆的检测效果相对稳定,而其他方法对于类别“Others”与“Van”的检测效果相对较差或波动较大。

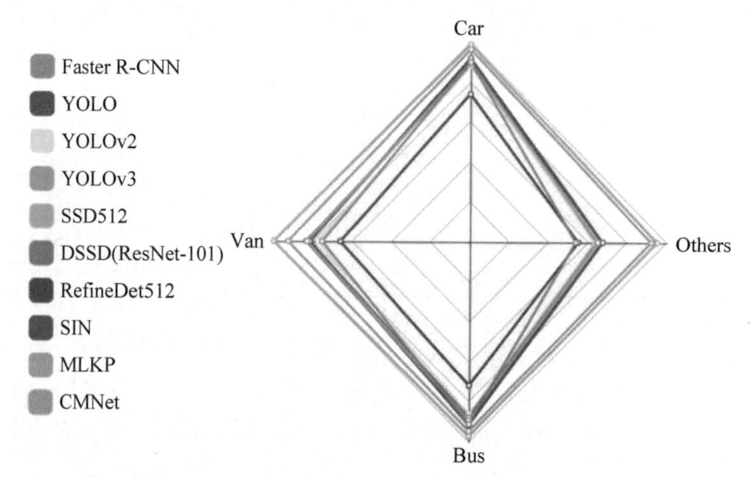

图 4-10 不同方法在 4 个车辆类别上 AP 值的雷达图

2. 消融实验

为了更好地理解 CMNet 车辆检测方法的优越性,本节在 UA-DETRAC 数据集上进行了多组消融实验,深入分析 CMNet 网络中每个组成部分对最终模型的影响。

方法一:基准方法(YOLOv3)。该方法使用传统的残差网络结构,将残差块按照串联的方式顺序堆叠,如图 4-4(a)所示,同时采用 3 个不同尺度的特征图推断车辆检测结果。该方法作为基准方法,目的是验证使用传统残差网络结构提取车辆特征的检测效果。

方法二:类 Inception 残差网络(YOLOv3-Inception)。该方法在方法一的基础上将传统的残差网络结构更换成为按照并行方式堆叠的类 Inception 残差网络,如图 4-4(b)所示,同时采用 3 个不同尺度的特征图推断车辆检测结果。该方法目的是验证使用类 Inception 残差网络结构提取车辆特征的检测效果。

方法三:基于 3 个不同尺度特征图的连接-合并残差网络(CMNet-3scales)。该方法在方法一的基础上将传统的残差网络结构更换成按照并行方式堆叠的连接-合并残差网络,如图 4-4(c)所示,同时采用 3 个不同尺度的特征图推断车辆检测结果。该方法目的是验证 CMNet 使用连接-合并残差网络结构提取车辆特征的检测效果。

方法四:连接-合并残差网络(CMNet-4scales)。该方法为本章提出的快速车辆检测网络(CMNet),具体实现如 4.3 节所述。

方法五:特征未融合的连接-合并残差网络(CMNet-w/o-concat)。该方法在方法四的基础上取消连接-合并残差网络(CMRN)与多尺度预测网络(MSPN)之间特征的融合。该方法目的是验证两个网络之间特征融合的作用及影响。

方法六：基于更多锚点框的连接-合并残差网络（CMNet-more-anchor）。该方法在方法四的基础上增加特征图单元网格预测锚点框的数量，即每个特征图单元网格预测6个边界框（总计约86190个边界框）。该方法目的是验证更多的锚点框是否会提高模型性能。

方法七：基于大尺度输入的连接-合并残差网络（CMNet-large-input）。该方法在方法四的基础上增大输入图像的分辨率，由于模型以32的倍数采样，因此将输入图像分辨率统一为1216×352。该方法目的是验证输入图像分辨率对模型性能的影响。

表4-4显示了上述7个方法在UA-DETRAC数据集上的实验结果，从实验结果可以发现：

表4-4　CMNet在UA-DETRAC数据集上的消融实验

方　法	残差块	多尺度	融合	锚点数	输入	FPS	mAP/%
YOLOv3	两分支	3	Yes	3	416×416	51.26	88.09
YOLOv3-Inception	类 Inception	3	Yes	3	416×416	47.21	90.21
CMNet-3scales	连接-合并	3	Yes	3	416×416	48.78	91.14
CMNet	连接-合并	4	Yes	3	416×416	47.49	91.71
CMNet-w/o-concat	连接-合并	4	No	3	416×416	48.08	90.87
CMNet-more-anchor	连接-合并	4	Yes	6	416×416	35.75	89.93
CMNet-large-input	连接-合并	4	Yes	3	1216×352	8.37	92.96

(1) 改变深度残差网络的结构可以有效地提升模型的检测性能。方法YOLOv3-Inception与方法CMNet-3scales均按照并行的方法改变残差网络的堆叠方式，其检测精度分别比使用传统残差结构的YOLOv3提升了2.12%与3.05%。同时，可以看到CMNet-3scales比YOLOv3-Inception的检测精度高0.93%，这是由于CMNet-3scales使用了连接-合并残差网络，该网络比类Inception残差网络具有更多的分支数目与组合数目（即跳过连接），如图4-4所示。以上对比结果表明连接-合并残差网络结构的设计是有效的。该结论由方法一、方法二和方法三得到。

(2) 增加执行预测操作的特征图数量可以提升模型CMNet的检测精度。方法CMNet与方法CMNet-3scales具有相同的连接-合并残差网络结构，而方法CMNet使用4个不同尺度（分别为13×13、26×26、52×52、104×104）的特征图执行车辆预测，方法CMNet-3scales使用3个不同尺度（分别为13×13、26×26、52×52）的特征图执行车辆预测，结果方法CMNet的检测精度比方法CMNet-3scales高0.57%，表明一定程度上增加特征图数量可以提升模型的性能。该结论由方法三与方法四比较得到。

(3) 特征融合可以提升模型CMNet的检测精度。在CMNet模型中，连接-合并残差网络（CMRN）与多尺度预测网络（MSPN）对应尺度的特征图进行了融合，为验证该融合方法的效果，取消它们之间的联系，形成方法CMNet-w/o-concat，同时可以看到方法CMNet-w/o-concat的检测精度比方法CMNet低0.84%，表明CMRN与MSPN的融合是有效的。该结论由方法四与方法五比较得到。

(4) 使用更多的锚点框执行车辆预测不会提升模型CMNet的检测性能。在方法

CMNet 中将执行车辆预测的特征图划分成 $N \times N$ 的网格，每个网格使用 3 个锚点框预测车辆边界框。当增加特征图中每个网格使用的锚点框数目时，其检测精度会下降，即方法 CMNet-more-anchor 比方法 CMNet 的检测精度低 1.78%。虽然增加锚点框数目可以增加网络提取建议框的数量，但同时显著地提升了网络的计算复杂度，造成模型的检测精度和速度均不同程度的下降。该结论由方法四与方法六比较得到。

(5) 显著地增大输入图像的尺寸可以提升模型 CMNet 的检测精度，但是检测速度会显著地降低。保持方法 CMNet 各项参数不变，仅增大输入图像的分辨率，使其接近图像原始尺寸，即方法 CMNet-large-input，可以发现方法 CMNet-large-input 的检测精度比方法 CMNet 高 1.25%，但检测速度却降到了 8.37f/s，完全达不到实时检测的要求。该结论由方法四与方法七比较得到。

(6) 在检测速度方面，上述 7 个方法中，仅方法七 CMNet-large-input 不能实现实时检测，其余六个方法均满足实时检测的要求。由于增加锚点框会显著增加模型复杂度，因此方法六 CMNet-more-anchor 的速度下降明显，其他方法的检测速度仅在小范围内波动。

图 4-11 显示了 CMNet 方法在 UA-DETRAC 数据集上检测车辆并标记车辆类别的实际效果。

图 4-11 CMNet 模型在 UA-DETRAC 测试集上检测车辆效果的例子

4.4.4 在 KITTI 数据集上的实验

KITTI 数据集包括 7481 张训练图像、7518 张测试图像，其中图像的分辨率约为 1224×370 像素。由于 KITTI 官方没有提供测试图像的标签，因此，本节选取 7481 张训练图像进行实验，并将其分成两部分：4000 张图像作为训练集、3481 张图像作为验证集。本节对 KITTI 数据集标注的 8 个类别标签(分别是 Car、Van、Truck、Pedestrain、Person、Cyclist、Tran 和 Misc)进行处理，保留实验需要的 4 个车辆类别标签，即：Car、Van、Truck 和 Tram，其中每个类别所包含的车辆数量如图 4-7(b)所示。模型训练完成后，将训练模型上传至 KITTI 官方网站获得在 7518 张测试集上三个难度级别(即简单、中等和困难)的检测结果。

表 4-5 比较了 CMNet 方法与 KITTI 官方网站上提供的 15 个目标检测算法的实验结果，所有方法按照困难等级“中等”进行排序。从表中可以看到，CMNet 在“中等”难度上获得了 89.61%的 mAP，在精度方面的表现优于大部分方法。然而，CMNet 与 KITTI 官方网站上最好的目标检测方法 THU CV-AI(91.97%的 mAP)相比，还有比较大的差距。在速度方面，算法 YOLOv3+d 获得了最佳的检测速度，除此之外，CMNet 比其他方法的检测速度更快。这表明 CMNet 提出利用连接-合并残差网络并与多尺度预测网络融合的方法是有效的。

表 4-5　不同方法在 KITTI 测试集上的检测结果

方　　法	mAP/%			运行时间/s
	中　　等	容　　易	困　　难	
THU CV-AI	91.97	91.96	84.57	0.38
CMNet	89.61	89.73	79.32	0.06
SINet_VGG	89.56	90.60	78.19	0.2
SDP+RPN	89.42	89.90	78.54	0.4
PointRCNN	89.32	90.74	85.73	0.1
MV3D	89.17	90.53	80.16	0.36
SubCNN	88.86	90.75	79.24	2
Mono3D	87.86	90.27	78.09	4.2
AVOD-FPN	87.44	89.99	80.05	0.2
YOLOv3+d	84.13	84.30	76.34	0.04
SDP+CRC (ft)	81.33	90.39	70.33	0.6
Stereo R-CNN	80.80	90.23	71.42	0.3
RefineNet	79.21	90.16	65.71	0.2
Faster R-CNN	79.11	87.90	70.19	2
spLBP	77.39	80.16	60.59	1.5
Reinspect	76.65	88.36	66.56	2

图 4-12 显示了 CMNet 方法在 KITTI 数据集上检测车辆并标记车辆类别的实际效果，可以看到，CMNet 对城市交通监控车辆的检测以及车辆细粒度的分类具有较好的鲁棒性。

图 4-12 CMNet 模型在 KITTI 测试集上检测车辆效果的例子

4.5 本章小结

本章研究了车辆图像检测技术，针对车辆检测过程中出现的误检、漏检和重复检测等问题，提出了一种基于连接-合并卷积神经网络的快速车辆检测方法。其中，连接-合并残差块的结构设计是重点，网络模型的训练与推理是难点。实验结果表明，本章方法在 UA-DETRAC 数据集上的检测精度为 91.71%，检测速度为 47.49FPS，在 KITTI 中等难度数据集上的检测精度为 89.61%，运行时间为 0.06s。

参考文献

[1] KRIZHEVSKY A, SUTSKEVER I, HINTON G E. ImageNet Classification with Deep Convolutional Neural Networks[C]. Proceedings of the 2012 Neural Information Processing Systems(NIPS), 2012: 1097-1105.

[2] REN S Q, HE K M, GIRSHICK R, et al. Faster R-CNN: Towards Real-time Object Detection with Region Proposal Networks[J]. IEEE Transactions on Pattern Analysis and Machine Intelligence, 2017, 39(6): 1137-1149.

[3] LIU W, ANGUELOV D, ERHAN D, et al. SSD: Single Shot Multibox Detector[C]. Proceedings of the 2016 European Conference on Computer Vision(ECCV), 2016: 21-37.

[4] HUANG G, LIU Z, MAATEN L V D, et al. Densely Connected Convolutional Networks[C]. Proceedings of the 2017 IEEE Conference on Computer Vision and Pattern Recognition(CVPR), 2017: 2261-2269.

[5] HE K M, ZHANG X Y, REN S Q, et al. Identity Mappings in Deep Residual Networks[C].

Proceedings of the 2016 European Conference on Computer Vision(ECCV),2016: 630-645.

[6] ZHANG K,SUN M, HAN T X,et al. Residual Networks of Residual Networks: Multilevel Residual Networks[J]. IEEE Transactions on Circuits and Systems for Video Technology, 2018, 28 (6): 1303-1314.

[7] WANG F,JIANG M Q, QIAN C, et al. Residual Attention Network for Image Classification[C]. Proceedings of the 2017 IEEE Conference on Computer Vision and Pattern Recognition (CVPR), 2017: 6450-6458.

[8] LYU S,CHANG M C, DU D W, et al. UA-DETRAC 2017: Report of AVSS2017 & IWT4S Challenge on Advanced Traffic Monitoring[C]. Proceedings of the 2017 14th IEEE International Conference on Advanced Video and Signal Based Surveillance(AVSS),2017: 1-7.

[9] GEIGER A,LENZ P, URTASUN R. Are We Ready for Autonomous Driving? The KITTI Vision Benchmark Suite[C]. Proceedings of the 2012 IEEE Conference on Computer Vision and Pattern Recognition(CVPR),2012: 3354-3361.

[10] LECUN Y,BOSER B, DENKER J S, et al. Backpropagation Applied to Handwritten Zip Code Recognition[J]. Neural Computation,1989,1(4): 541-551.

[11] LIN T Y,MAIRE M,BELONGIE S, et al. Microsoft COCO: Common Objects in Context[C]. Proceedings of the 2014 European Conference on Computer Vision(ECCV),2014: 740-755.

[12] LIU Y,WANG R P,SHAN S G, et al. Structure Inference Net: Object Detection Using Scene-level Context and Instance-level Relationships[C]. Proceedings of the 2018 IEEE/CVF Conference on Computer Vision and Pattern Recognition(CVPR),2018: 6985-6994.

[13] WANG H,WANG Q L, GAO M Q, et al. Multi-scale Location-aware Kernel Representation for Object Detection[C]. Proceedings of the 2018 IEEE/CVF Conference on Computer Vision and Pattern Recognition(CVPR),2018: 1248-1257.

第 5 章

CHAPTER 5

基于迁移学习场景自适应的车辆图像检索

本章开始研究车辆图像检索(Vehicle Re-Identification,简称车辆 ReID)技术。车辆图像检索技术是智能交通监控技术的重要组成部分,主要任务是给定一张查询车辆图像,在跨场景非重叠监控摄像机采集到的车辆图像中搜索具有相同身份(Identity,简称 ID)的目标车辆,并按照车辆的特征距离从小到大排序,从而判断监控摄像机是否采集到特定的目标车辆。

5.1 引言

随着深度学习在城市道路车辆检测任务中取得的广泛成功,一些基于卷积神经网络的车辆图像检索技术被提出,并在相同数据域的车辆图像中取得了较好的检索效果。但是,在实际应用中,不同数据域下的图像风格会有较大的变化,即用于训练的数据集与测试的数据集具有不同的图像风格。如图 5-1 所示,VeRi 数据集中的车辆图像清晰、光照充足,而 VRIC 数据集中的车辆图像则具有较低的分辨率且存在强烈的运动模糊。由于不同域中数据集之间的差异,导致在 VeRi 数据集上训练好的车辆图像检索模型在 VRIC 数据集上的性能表现不佳,反之亦然。

(a) VeRi图像　　(b) VRIC图像

图 5-1　不同数据域中图像风格的对比

为了解决跨域场景下图像风格变化显著的问题，本章利用迁移学习的思想，将源域上的车辆图像迁移到目标域上，使迁移后车辆图像的风格与目标域图像的风格一致，同时迁移前后保持车辆的身份信息不变，将迁移后的车辆图像用于车辆检索任务，从而提升检索的效果。

目前，图像迁移学习的方法已经取得了巨大成功，例如，Mingsheng Long 等(2015)提出了一种新的深度自适应网络(Deep Adaptation Network，DAN)架构，将深度卷积神经网络推广到领域自适应场景，DAN 可以学习弥合跨域差异的可转移的特征，并通过内核嵌入的无偏估计进行线性扩展。Mingsheng Long 等(2016)提出了一种深度网络中域自适应的新方法，可以共同学习源域中标记数据和目标域中未标记数据的自适应分类器和可转移特征。Yuanwei Wu 等(2019)提出了一种简单有效的无监督深度特征转移算法，用于低分辨率图像分类。Yaël Frégier 等(2019)提出了一种使用 GAN 架构进行迁移学习的方法，并证明该方法训练时收敛更快，所需数据更少。近年来，迁移学习在行人图像检索领域得到了广泛的应用，例如，为了减轻标注新训练样本的昂贵成本，Longhui Wei 等(2017)提出了一个行人迁移生成对抗网络(Person Transfer Generative Adversarial Network，PTGAN)来弥合不同数据域之间的差异，实验表明，PTGAN 可以大大缩小域间的差距。Weijian Deng 等(2017)提出了相似性保持生成对抗网络(Similarity Preserving Generative Adversarial Network，SPGAN)实现跨域的行人图像检索，SPGAN 由孪生神经网络(Siamese Neural Network，SNN)和 CycleGAN 组成，通过领域适应性实验表明，SPGAN 生成的图像更适合于域自适应。Sergey Rodionov 等(2018)开发了一种在多个数据集上训练模型的方法，以及一种在线无监督微调的方法，将迁移学习应用到行人图像检索中。

因此，本章提出了一种基于迁移学习场景自适应的车辆图像检索(Transfer Learning Scenario Adaptation for Vehicle Re-Identification，TLSA)方法，如图 5-2 下面部分所示。TLSA 由两部分组成：①车辆迁移生成对抗网络(Vehicle Transfer Generative Adversarial Network，VTGAN)；②基于图像风格迁移的车辆特征匹配与排序。具体地，给定一张源域中的查询车辆图像和目标域车辆图像数据库，首先，利用 VTGAN 将源域上的车辆图像迁移到目标域上，使迁移后的车辆图像具有目标域图像的风格；然后，提取迁移后车辆图像的深度特征形成 ReID 特征；最后，利用欧氏距离计算查询车辆图像与车辆图像数据库中两两图像 ReID 特征之间的相似度，并按照相似程度排序，实现有效的车辆图像检索。特别地，图 5-2 上面部分是非跨域场景下车辆图像检索的过程，网络直接提取查询车辆图像和车辆图像数据库中图像的深度特征，利用距离度量的方法计算其相似度，实现初步的车辆图像检索，因此，将其作为本章及本书后续其他方法对比的基准模型，即 Baseline。

本章设计了两组实验：①在 VeRi 数据集和 VRIC 数据集上对比了 3 种图像迁移方法，实验表明，VTGAN 生成的车辆图像具有较好的纹理细节，更接近目标域图像的风格。②在 VeRi 数据集和 VRIC 数据集上分别设计了多组对比实验和消融实验评估了 TLSA 车辆图像检索的效果，实验表明，当跨数据域时车辆图像检索的效果显著下降，而当采用迁移学习转换源域与目标域图像的风格后，车辆图像检索的性能有所提升，但仍与非跨域场景下的检索效果有较大的差距。

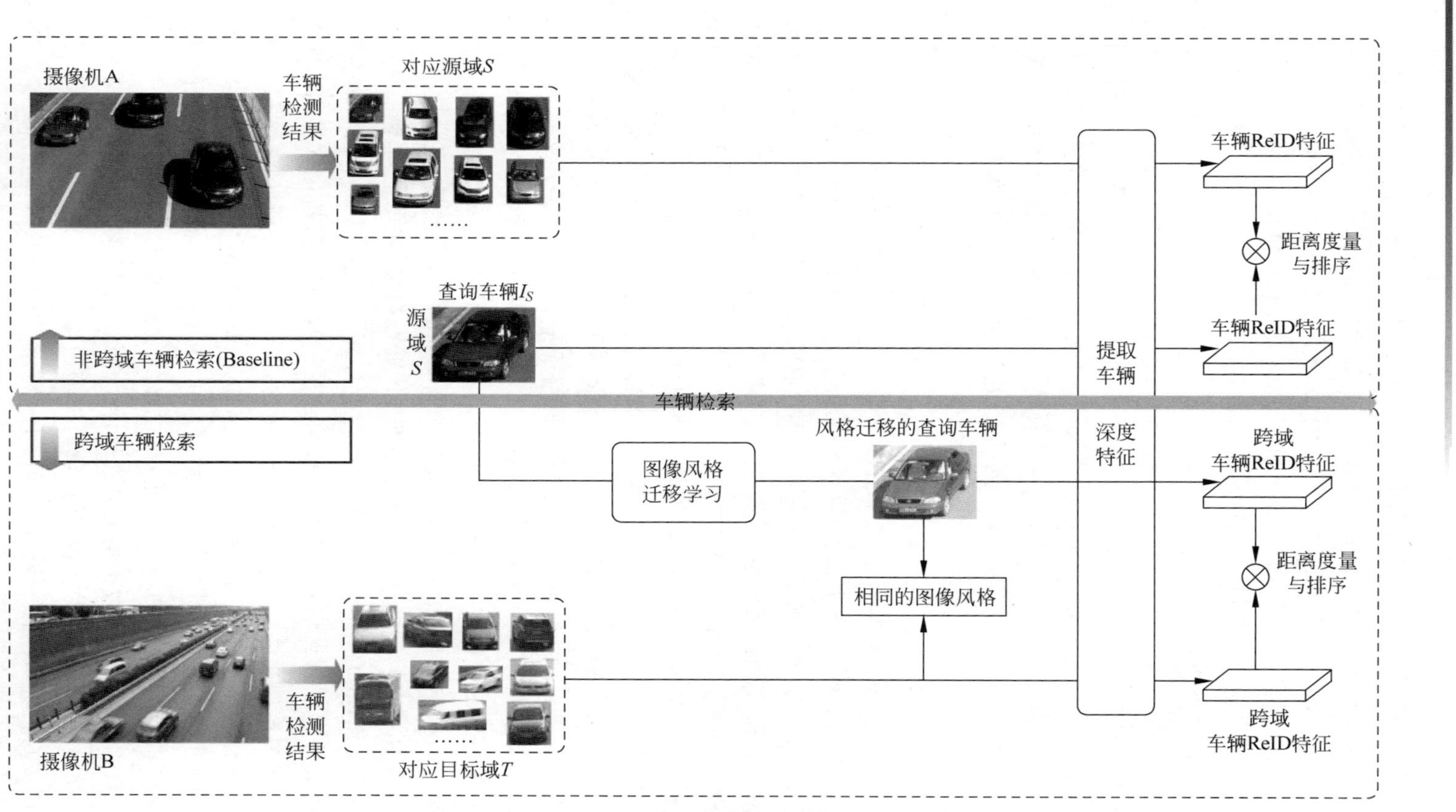

图 5-2　基于风格迁移的车辆图像检索模型框架

综上所述，本章的主要贡献有：①将连接-合并残差网络引入到车辆迁移生成对抗网络中，通过提升车辆特征的语义信息生成具有特定风格的车辆图像；②为保证迁移过程中车辆身份的一致性，利用孪生网络约束源域图像和目标域图像之间的映射关系；③通过转换车辆图像风格，提高了跨域场景下车辆图像检索的精度。

5.2 问题描述

根据前文中的定义，基于图像风格迁移的车辆图像检索可以描述为：给定一对车辆图像(I_S, I_{T_i})以及它们相对应的二进制标签(s_{ST_i})，其中I_S为源域S中的查询车辆图像，$I_{T_i} \in \{I_{T_i}\}_{i=1}^N$为目标域$T$中的图像。如果$I_S$与$I_{T_i}$是同一身份车辆在不同数据域中的图像，那么$s_{ST_i}=1$；否则$s_{ST_i}=0$，表示它们是不同身份的车辆。对于源域$S$中的每一个查询图像$I_S$，我们的目标是将其映射成具有目标域$T$风格的特征向量$\boldsymbol{a}$，定义如下：

$$\boldsymbol{a} = F(I_{T_0}) \tag{5-1}$$

其中，

$$I_{T_0} = G(I_S, \{I_{T_i}\}_{i=1}^N) \tag{5-2}$$

这里，$\{I_{T_i}\}_{i=1}^N$为目标域车辆图像数据库，$G(\cdot)$表示生成器将输入的源域图像I_S迁移到目标域T中，使其具有T中图像$\{I_{T_i}\}_{i=1}^N$的风格，I_{T_0}为I_S迁移后生成的车辆图像，$F(\cdot)$表示获取图像的特征向量。此时，用于检索的车辆图像对表示为(I_{T_0}, I_{T_i})，其中$I_{T_i} \in \{I_{T_i}\}_{i=1}^N$，并且它们相对应的二进制标签更新为$(s_{T_0T_i})$。

当车辆的ReID特征确定后，采用对比损失函数处理配对车辆图像的关系，其表达式如下：

$$L_{\text{reid}} = \frac{1}{2N}\sum_{i=1}^{N}[s_{T_0T_i}d^2 + (1 - s_{T_0T_i})\max(m - d, 0)^2] \tag{5-3}$$

其中，N为车辆图像的数量，$d = \|\boldsymbol{a}_{T_0} - \boldsymbol{a}_{T_i}\|_2$代表两个车辆特征向量$\boldsymbol{a}_{T_0}$和$\boldsymbol{a}_{T_i}$的距离度量，$s_{T_0T_i}$为两个车辆是否匹配的标签，$s_{T_0T_i}=1$表示两个车辆相似或者匹配，$s_{T_0T_i}=0$则表示不匹配，$m$为设定的阈值。

从对比损失函数的表达式(5-3)可以发现，该损失函数可以很好地表达对车辆图像的匹配程度。

(1) 当$s_{T_0T_i}=1$时，表明两个车辆相似或匹配，其损失函数表示为$L_{\text{reid}} = \frac{1}{2N}\sum_{n=1}^{N}s_{T_0T_i}d^2$。若两个相似车辆在特征空间的距离较大，则损失值会变大，函数会对该正样本对进行惩罚，从而缩短特征向量$\boldsymbol{a}_{T_0}$和$\boldsymbol{a}_{T_i}$之间的距离，如图5-3所示。

(2) 当$s_{T_0T_i}=0$时，表明两个车辆不相似或不匹配，其损失函数表示为$L_{\text{reid}} =$

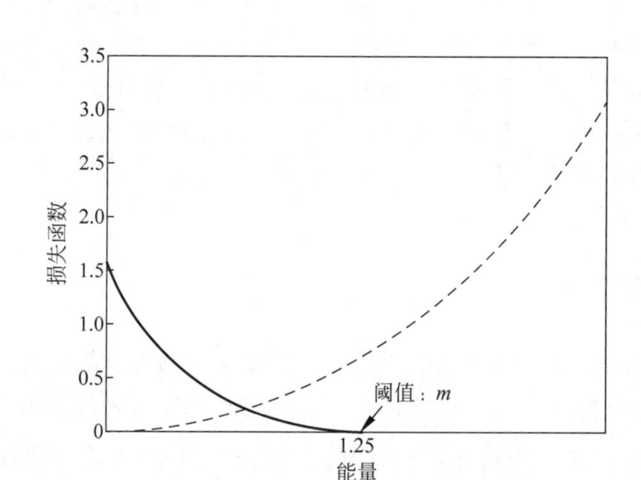

图 5-3 对比损失函数值与车辆特征的欧氏距离之间的关系

$\frac{1}{2N}\sum_{i=1}^{N}(1-s_{T_0T_i})\max(m-d,0)^2$。若两个不相似车辆在特征空间的距离较小，则损失值会增大，函数会对该负样本对进行惩罚，从而增加特征向量 $\boldsymbol{a}_{T_0}$ 和 $\boldsymbol{a}_{T_i}$ 之间的距离使其大于阈值 m，如图 5-3 所示。

当模型训练完成后，计算源域 S 中的查询车辆图像和目标域 T 中的车辆图像数据库两两特征向量之间的欧氏距离，并按照相似程度进行排序。

5.3 车辆迁移生成对抗网络

为了使在源域 S 上训练的模型在目标域 T 上同样获得较好的车辆图像检索效果，提出了一种车辆图像风格迁移模型，将源域 S 上的车辆图像迁移到目标域 T 上，使迁移后车辆图像的风格与目标域 T 的风格一致，同时保持迁移前后车辆的身份信息不变，将迁移后的车辆图像用于车辆检索模型的训练，该迁移模型称为车辆迁移生成对抗网络（Vehicle Transfer Generative Adversarial Network，VTGAN）。如图 5-4 所示，VTGAN 由两个生成器网络（G 和 F）、两个判别器网络（D_T 和 D_S），以及一个孪生网络 SiaNet 组成。首先，在源域 S 上获取输入的车辆图像，该输入图像被传递到第一个生成器网络，表示为 $G: S\to T$，其任务是将源域 S 上给定的车辆图像转换到目标域 T 的图像中。然后，新生成的车辆图像被传递到另一个生成器网络，表示为 $F: T\to S$，其任务是将生成的图像转换回源域 S 中的图像，两个域的训练集图像不成对出现，且转换后的图像分别被送入对应的判别器 D_T 和 D_S 做训练，使转换回的图像与原始输入的图像不可被分辨，此时生成对抗网络的结构可定义为循环的形式，即 $F(G(S))\approx S$。最后，孪生网络 SiaNet 用于确保迁移前后车辆的身份信息保持不变。

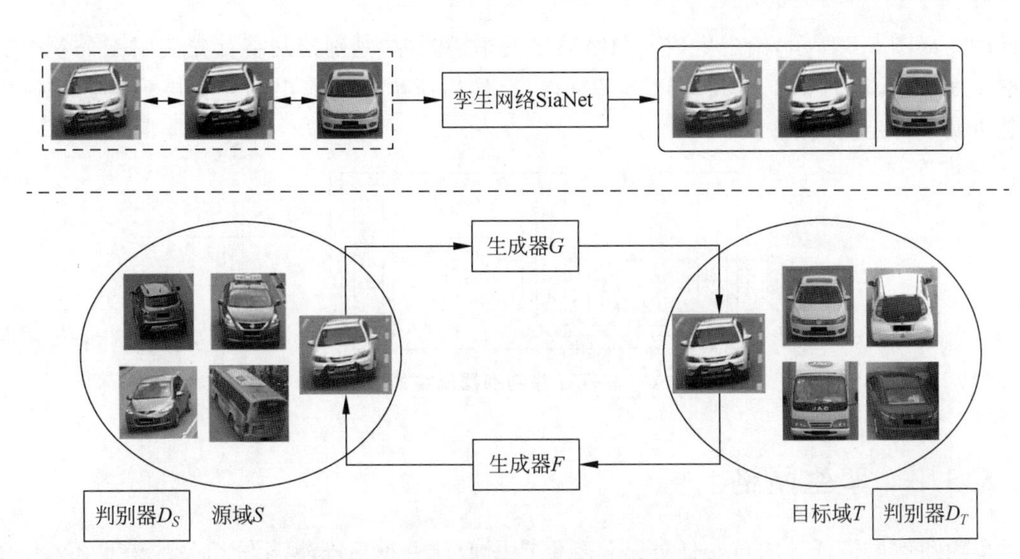

图 5-4　车辆迁移生成对抗网络的模型结构

5.3.1　生成器网络

用于车辆图像迁移的生成器网络 G 和 F 的网络结构一样，均由编码器、转换器和解码器三部分构成，如图 5-5 所示。借鉴 Pix2Pix 和 CycleGAN 转换两个不同域中图像风格的方法，生成器网络中输入不成对出现的车辆图像，并缩放为 256×256 分辨率。首先，编码器利用 3 个卷积层提取车辆特征，将图像压缩成 256 个 64×64 的特征向量；然后，转换器使用 9 个如图 4-4(c)所示的连接-合并残差块学习组合车辆图像的不相近特征，将图像在源域 S 中的特征向量转换为目标域 T 中的特征向量，并在转换的同时保留原始图像的身份信息；最后，解码器利用 2 个反卷积层、1 个卷积层，以及 Tanh 激活函数从特征向量中恢复图像的低级特征，得到图像风格转换的车辆图像。

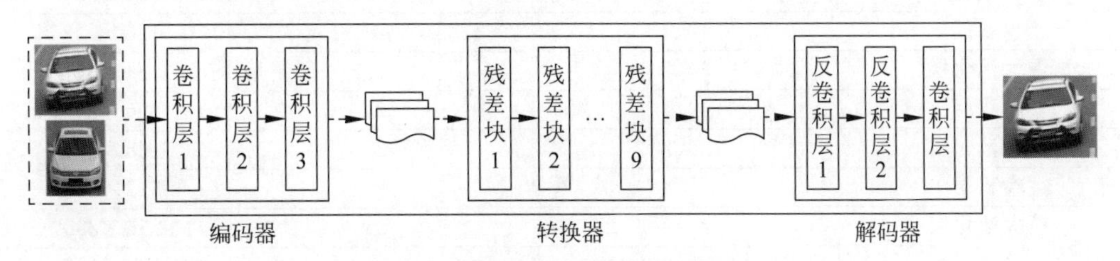

图 5-5　车辆迁移生成器网络的结构

5.3.2　判别器网络

生成器网络 G 和 F 对应的判别器网络分别为 D_T 和 D_S，同样 D_T 和 D_S 的网络结构是一样的。如图 5-6 所示，给定生成器网络输出的车辆图像，判别器网络首先使用 4 个卷积层提取图像特征，得到 512 个 32×32 的特征向量，然后添加一维输出的卷积层确定提取的特征是否属于特定的类别。

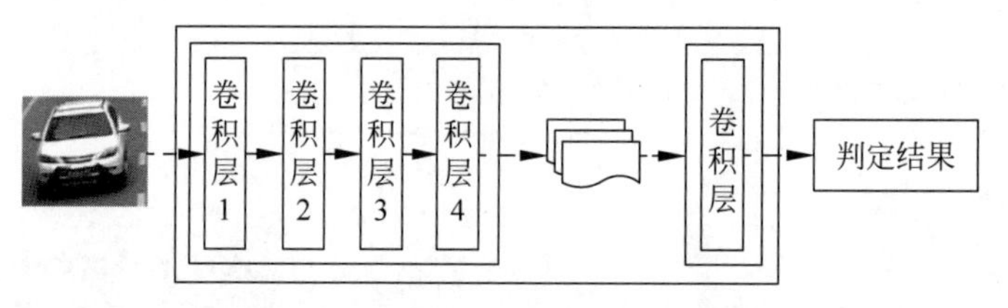

图 5-6　车辆迁移判别器网络的结构

5.3.3　孪生网络

车辆图像风格迁移的核心任务是：要保持图像迁移前后车辆身份相关的信息不变，这种身份信息不是图像的背景或图像的风格，而是和身份信息有潜在关系的车辆区域。前面的生成器网络与判别器网络学习了源域 S 与目标域 T 之间的映射关系，因此，本节利用孪生神经网络 SiaNet 约束学习到的映射关系，使迁移前后同一车辆图像之间的特征距离近一些，而不同车辆图像之间的特征距离远一些。具体地，孪生网络 SiaNet 由两个结构相同、权值共享的卷积神经网络组成，每个卷积神经网络独立地提取图像特征，分别由 4 个卷积层、4 个最大池化层和 1 个全连接层构成，如表 5-1 所示，在网络的最后一层定义了对比损失函数评价两个输入车辆图像的相似度。

表 5-1　单个孪生模型的网络结构

类　型	卷 积 核	步　长	输　出
卷积层	4×4	2	64×64
最大池化层	2×2	2	32×32
卷积层	4×4	2	128×128
最大池化层	2×2	2	64×64
卷积层	4×4	2	256×256
最大池化层	2×2	2	128×128
卷积层	4×4	2	512×512
最大池化层	2×2	2	256×256
全连接层	—	—	128×128

5.3.4　网络训练

生成对抗网络旨在使用最小-最大的策略在训练数据和生成样本之间找到最佳的判别器网络 D，同时增强生成器网络 G 的性能，根据交叉熵损失，可以构造下面的损失函数：

$$\min_{G}\max_{D}V(D,G)=E_{x\sim P_{\mathrm{data}(x)}}[\log D(x)]+E_{z\sim P_{z(z)}}[\log(1-D(G(z)))] \tag{5-4}$$

其中，$P_{\mathrm{data}(x)}$ 是真实样本的分布，$P_{z(z)}$ 是服从高斯分布的噪声数据，训练过程中，生成器网络 G 的目标是尽量生成逼真的图像，而判别器网络 D 的目标是尽量辨别出 G 生成的假图像和真实的图像。

VTGAN 由对抗损失、循环一致损失、身份映射损失以及对比损失等多个损失函数构成。首先，VTGAN 引入两个生成器-判别器对：$\{G,D_T\}$和$\{F,D_S\}$，它们分别将源域 S 中的车辆图像映射到目标域 T，或将目标域 T 中的车辆图像映射到源域 S。对于生成器 G 和与其对应的判别器 D_T，定义对抗损失函数为：

$$L_T(G,D_T,p_x,p_y)=E_{y\sim p(y)}[(D_T(y)-1)^2]+E_{x\sim p(x)}[(1-D_T(G(x)))^2] \tag{5-5}$$

其中，p_x 和 p_y 分别表示源域 S 和目标域 T 中车辆图像的分布情况。对于生成器 F 和与其对应的判别器 D_S，对抗损失函数定义如下：

$$L_S(F,D_S,p_y,p_x)=E_{x\sim p(x)}[(D_S(x)-1)^2]+E_{y\sim p(y)}[(1-D_S(F(y)))^2] \tag{5-6}$$

由于训练数据是不成对出现的，源域 S 与目标域 T 之间存在无限个映射函数，因此，引入循环一致损失函数来减少映射函数可能的表达空间。循环一致损失函数表示如下：

$$L_{\mathrm{cyc}}(G,F)=E_{x\sim p(x)}[\| F(G(x))-x\|_1]+E_{y\sim p(y)}[\| G(F(y))-y\|_1] \tag{5-7}$$

此外，引入目标域身份映射损失约束源域 S 与目标域 T 之间映射关系的学习，尽可能保证转换前后车辆图像的相似性。目标域身份映射损失函数为

$$L_{\mathrm{ide}}(G,F,p_x,p_y)=E_{x\sim p(x)}\| F(x)-x\|_1+E_{y\sim p(y)}\| G(y)-y\|_1 \tag{5-8}$$

同时，实验表明，该目标域身份映射损失函数能够使迁移前后图像的颜色保持一致，如图 5-7 所示，与第三行相比，第二行为去掉 L_{ide} 损失的效果。为了进一步保留车辆的身份信息，孪生网络 SiaNet 利用对比损失函数控制正负样本的距离，对比损失函数表示如下：

$$L_{\mathrm{con}}(i,x_1,x_2)=(1-i)\{\max(0,m-d)\}^2+id^2 \tag{5-9}$$

$$d(x_1,x_2)=\| x_1-x_2\|_2 \tag{5-10}$$

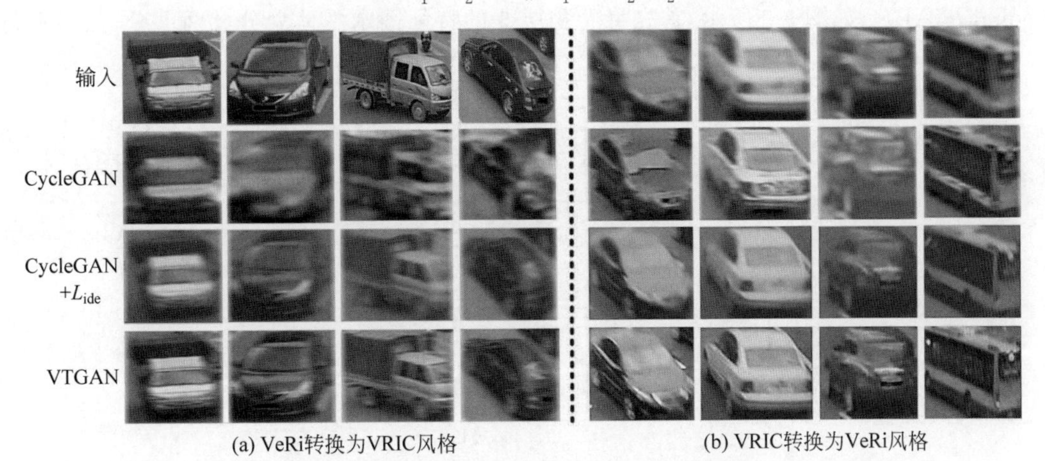

图 5-7　不同方法迁移车辆图像风格的结果比较

其中，x_1 和 x_2 为输入的图像样本对，d 代表两个输入图像特征向量之间的欧氏距离，$m \in [0,2]$为设定的阈值，i 为输入图像对的标签，当输入图像 x_1 和 x_2 为正样本对时，$i=1$，否则，$i=0$。

因此，车辆迁移生成对抗网络(VTGAN)最终的损失函数由以上对抗损失、循环一致损失、身份映射损失和对比损失构成，并联合训练，表示如下：

$$L_{\text{vtgan}} = L_T + L_S + \lambda_1 L_{\text{cyc}} + \lambda_2 L_{\text{ide}} + \lambda_3 L_{\text{con}} \tag{5-11}$$

其中，λ_1、λ_2 和 λ_3 控制三个损失函数的重要程度，前三个损失函数 L_T、L_S 和 L_{cyc} 属于 CycleGAN 的方法，身份映射损失 L_{ide} 以及对比损失 L_{con} 为图像迁移过程中增加的具体约束。

5.4 基于图像风格迁移的车辆图像检索

如图 5-2 所示，跨域场景下的车辆图像检索包括图像风格迁移和特征匹配两个过程，本节关注车辆特征学习和损失函数的设计。

5.4.1 特征学习

为获得车辆图像丰富的语义信息，采用深度残差网络提取车辆特征，该网络在 ResNet-50 的基础上，修改残差块的堆叠方式，利用第 4 章提出的连接-合并残差块替换 ResNet-50 中传统的残差块，形成基于连接-合并残差块的特征提取网络，记为 CMNet-50，其中连接-合并残差块的结构如图 4-4(c)所示。CMNet-50 在 ImageNet-2012 数据集上进行预训练，并在给定的车辆图像检索数据集上进行微调。在测试阶段，给定输入车辆图像，提取 CMNet-50 中卷积层 5 的特征获得图像的描述子，并采用欧氏距离进行车辆匹配。

为进一步提升在目标域中车辆图像检索的性能，本节引入局部最大池化(Local Max Pooling，LMP)方法，替代原始 CMNet-50 卷积层 5 后面的全局平均池化(Global Average Pooling，GAP)。如图 5-8 所示，首先将卷积层 5 的特征图水平地划分成两部分，然后在每

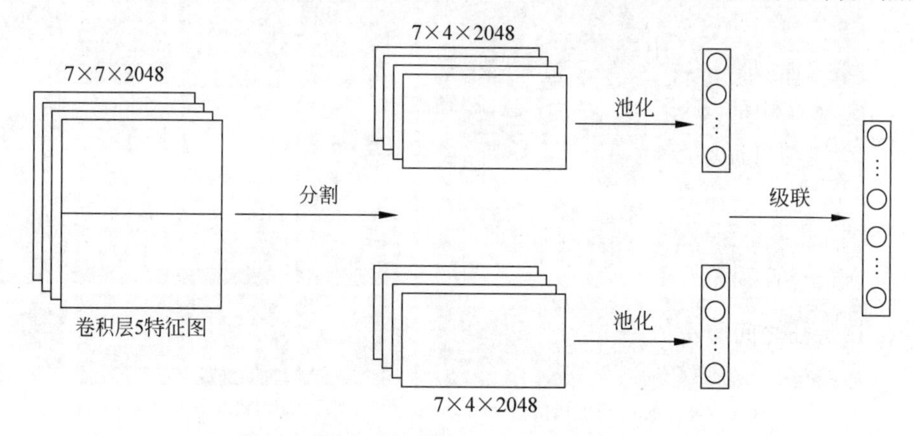

图 5-8 局部最大池化示意图

一部分上分别执行 GAP，最后融合每一部分的 GAP 输出形成 LMP 作为最终的特征表示，该网络记为 CMNet-50-LMP。实验表明，引入局部最大池化能够在一定程度上消除噪声数据带来的负面影响。

5.4.2　损失函数

本章采用基于身份学习的车辆图像检索方法。假设有 N 张车辆图像，包含 K 个不同的身份。令 $D_i=\{x_i,d_i\}$ 作为训练集，其中，$i\in N$，x_i 表示第 i 张车辆图像，d_i 表示图像 x_i 的身份标签。

给定训练样本 x，利用 CMNet-50-LMP 网络获取其 ReID 特征，记为 f，输出向量的尺寸为 $1\times1\times2048$，随后全连接层的输出为 $\boldsymbol{z}=[z_1,z_2,\cdots,z_K]\in\mathrm{R}^K$。预测每个车辆身份的概率计算如下：

$$p(p\mid x)=\frac{\exp(z_k)}{\sum_{i=1}^{K}\exp(z_i)} \tag{5-12}$$

因此，车辆身份分类的交叉熵损失函数计算如下：

$$L_{\mathrm{ID}}(f,d)=-\sum_{k=1}^{K}\log(p(k))q(k) \tag{5-13}$$

令 y 为正确的车辆身份标签，对于所有 $k\neq y$，使 $q(y)=1$ 且 $q(k)=0$，即最小化交叉熵损失等同于最大化获得正确车辆身份类别的可能性。

本书第 5 章、第 6 章和第 7 章的车辆图像检索任务均使用以上基于身份的交叉熵损失函数训练车辆检索模型，不同之处在于其 ReID 特征 f 不同。

5.4.3　基于风格迁移的车辆图像检索

如图 5-2 所示，上面部分为基准的车辆图像检索框架（即 Baseline），下面部分为基于车辆图像风格迁移的车辆检索框架。给定源域 S 中的查询车辆图像 I_S 和目标域数据集 T，图像检索实现过程如下：

(1) 将源域 S 中的查询车辆 I_S 的图像风格转换成目标域 T 的风格，记为 I_{T_0}，此时，查询车辆图像 I_{T_0} 与目标域数据集 T 具有相同的图像风格。

(2) 利用特征提取网络 CMNet-50-LMP 分别获得车辆图像 I_{T_0} 与目标域数据集 T 中每一个车辆图像的 ReID 特征，分别记作 f_{T_0} 和 $f_{\{T_i\}_{i=1}^N}$，其中 N 为车辆的数量。

(3) 使用欧氏距离计算源域中查询车辆图像 I_{T_0} 与目标域中车辆图像数据库 T 中两两图像 ReID 特征之间的相似度，其距离公式表示为

$$d_{I_q,\{I_{g_i}\}_{i=1}^N}=\| f_q-f_{\{g_i\}_{i=1}^N}\|_2 \tag{5-14}$$

通过最小化式(5-3)中的对比损失函数 L_{reid}，使相同车辆图像（正样本对）的距离尽可能小，不同车辆图像（负样本对）的距离尽可能大，最终实现跨域场景下的车辆图像检索。

5.5 实验结果与分析

首先评估车辆迁移生成对抗网络(VTGAN)转换图像风格的性能，然后研究基于VTGAN的车辆图像检索方法TLSA在跨域应用中的表现，最后评估基于局部最大池化的特征提取网络对TLSA性能的影响。本章的实验(包括VTGAN和TLSA两部分)均基于PyTorch网络框架实现，并在配置有Intel Core i7-7700K CPU和NVIDIA GTX 1080Ti GPU的PC上运行。

5.5.1 数据集

为验证图像风格迁移对车辆图像检索效果的影响，使用VeRi数据集和VRIC数据集进行实验。由于VRIC数据集从真实场景的UA-DETRAC训练视频中裁剪获得，具有真实的多分辨率、运动模糊、照明变化、遮挡和不同视角等特点，同时与VeRi数据集风格差异较大，因此，可以更好地反映实验效果。

1. VeRi数据集

VeRi数据集由北京邮电大学收集、标注并发布。VeRi数据集由部署在约$1km^2$城市区域内的20个监控摄像机采集获得，摄像头安装角度包括正视角、侧视角与斜视角等，同时拍摄多个不同的交通场景，如十字路口、转弯路口、单向车道、双向车道、二车道道路、四车道道路等。VeRi数据集不仅标注了车辆的身份ID、采集摄像机ID，还标注了车辆的颜色属性，如yellow、orange、green、gray、red、blue、white、golden、brown、black，以及车辆的类型，如sedan、suv、van、hatchback、mpv、pickup、bus、truck、estate。

VeRi数据集包含776个不同身份车辆的49357张图像，其中576个不同身份车辆的37778张图像用于训练，其余200个不同身份车辆的11579张图像用于测试，同时从测试集中随机选取1678张车辆图像作为待查询图像。VeRi数据集中的车辆图像包含丰富的车辆视角、颜色、类型、尺寸，以及不同的光照条件与场景，如图5-9所示。

2. VRIC数据集

VRIC数据集由伦敦玛丽女王大学电子工程和计算机科学学院发布。现有的车辆图像检索评价基准严重地依赖高质量的图像以及其恒定尺寸的车辆细粒度的外观，这类似于车牌识别中对图像质量的要求，而在现实的车辆图像检索场景中，车辆图像的分辨率是任意改变的。为在实际场景中验证方法的有效性，引入更具有挑战性的车辆图像检索数据集基准——VRIC数据集。VRIC数据集从60个带有边界框注释的UA-DETRAC训练视频中获取，UA-DETRAC训练集由60个不同的摄像机在白天和夜间的异构道路交通场景中捕获。为确保足够的车辆外观变化，VRIC数据集丢弃出现轨迹小于20帧以及边界框小于24×24分辨率的车辆图像。

图 5-9　VeRi 数据集中的车辆图像样本

VRIC 数据集包含 5622 个不同身份车辆的 60430 张图像，其中 54808 张车辆图像用于训练，2811 张车辆图像用于测试，另外 2811 张车辆图像作为待查询图像。如图 5-10 所示，与现有车辆图像检索数据集相比，VRIC 数据集最大的特点在于车辆图像的分辨率及比例变化多样，同时在运动模糊、照明、遮挡和视角等方面更逼真。

(a) 不同气候条件下的UA-DETRAC数据集，如多云、夜晚、晴天、雨天

(b) VRIC数据集中的车辆图像样本

图 5-10　UA-DETRAC 数据集与 VRIC 数据集中的车辆图像样本

表 5-2 显示了两个数据集中数据的统计和分布情况。

表 5-2　两个数据集中的数据统计和分布

名　称	类　型	总　计	训　练　集	测　试　集	
				待　查　询	检　索　库
VeRi 数据集	车辆身份数目	776	576	200	200
	车辆图像数目	49357	37778	1678	11579
VRIC 数据集	车辆身份数目	5622	2811	2811	2811
	车辆图像数目	60430	54808	2811	2811

5.5.2　评价指标与实验设置

车辆图像检索任务中,给定一个查询车辆图像,期待在车辆图像数据库中找到具有相同身份的候选图像,并按照相似程度的高低进行排序。

1. 评价指标

受到行人图像检索研究的启发,车辆图像检索任务的准确率采用排序第一准确率(Rank@1)、排序第五准确率(Rank@5)、排序第二十准确率(Rank@20)以及平均精度均值(mean Average Precision,mAP)进行评价。

Rank@k 表示给定查询车辆图像,在车辆图像数据库中进行搜索,搜索结果按照相似度排序后的前 k 张图像中存在与查询图像属于同一身份的准确率。假设车辆身份的数量为 N,利用训练好的模型提取查询图像的特征,如下:

$$\boldsymbol{f}_{\text{Query}}=[\boldsymbol{q}_1,\boldsymbol{q}_2,\cdots,\boldsymbol{q}_N] \tag{5-15}$$

车辆图像数据库含有 M 张图像,提取其中所有图像的特征如下:

$$\boldsymbol{f}_{\text{Gallery}}=\begin{bmatrix}\boldsymbol{a}_{11} & \boldsymbol{a}_{12} & \cdots & \boldsymbol{a}_{1N}\\ \boldsymbol{a}_{21} & \boldsymbol{a}_{22} & \cdots & \boldsymbol{a}_{2N}\\ \vdots & \vdots & & \vdots\\ \boldsymbol{a}_{M1} & \boldsymbol{a}_{M2} & \cdots & \boldsymbol{a}_{MN}\end{bmatrix} \tag{5-16}$$

利用欧氏距离计算图像特征之间的相似度 S,表示如下:

$$S_M=\sqrt{\sum_{k=1}^{N}(\boldsymbol{q}_k-\boldsymbol{a}_{Mk})^2} \tag{5-17}$$

其中,$\boldsymbol{q}_k$ 为一个查询图像的特征向量,$\boldsymbol{a}_{Mk}$ 为车辆图像数据库中第 M 张图像的特征向量。S_M 越低表示图像之间的相似性越大,即是同一个车辆的置信度越高。因此,将 S_M 按照大小从低到高排序,分别计算 Rank@k,$k=1,5,20$ 的准确率。

对于每一个查询车辆图像,当车辆图像数据库中有多个目标图像与其匹配时,使用均值平均精度(mAP)平衡模型的查准率(Precision)与召回率(Recall),从而评估模型的整体性能。具体地,给定一个查询车辆图像,平均精度(Average Precision,AP)可表示为

$$\mathrm{AP}=\frac{\sum_{k=1}^{M}\mathrm{Rank}@k\times \mathrm{gt}(k)}{N_{\mathrm{gt}}} \tag{5-18}$$

其中，N_{gt} 为查询车辆图像对应的正样本数量，$\mathrm{gt}(k)$为标记函数，当数据库中第 k 个图像与查询车辆图像匹配时返回 1，否则返回 0。对于全部查询车辆图像，其平均精度均值(mAP)表示如下：

$$\mathrm{mAP}=\frac{\sum_{q=1}^{Q}\mathrm{AP}(q)}{Q} \tag{5-19}$$

其中，Q 为全部查询车辆图像的数量。

2. 实验设置

对于图像迁移模型 VTGAN，利用 VeRi 数据集和 VRIC 数据集的训练图像进行训练。在所有实验中，设定式(5-9)中的参数 $m=2$，式(5-11)中的参数 $\lambda_1=10$、$\lambda_2=5$、$\lambda_3=2$。训练 VTGAN 时，将输入图像大小裁剪为 256×256，利用 Adam 算法(如算法 5-1 所示)优化网络参数。整个网络训练 200 个 epoch，batch_size 设置为 4，初始学习率(learning_rate)为 0.0002。测试时，使用生成器 G 将 VeRi 图像转换为 VRIC 图像风格，使用生成器 F 将 VRIC 图像转换为 VeRi 图像风格，转换后的图像用于微调在源域图像上训练的模型。

对于模型 TLSA，将所有训练图像的大小调整为 256×256，并从所有图像中减去由训练图像计算获得的均值。在训练过程中，将图像的大小随机裁剪为 224×224，对数据集进行随机抽样并使用图像的随机顺序。整个网络训练 60 个 epoch，batch_size 设置为 64，初始学习率(learning_rate)为 0.05，且每迭代 20 个 epoch 后学习率以 0.1 倍递减。使用小批量的随机梯度下降算法 SGD(如算法 4-1 所示)更新网络参数，在网络最后的卷积层之前使用 dropout 函数，并将其参数设置为 0.5。

算法 5-1 Adam 算法

Require：步长 ε
Require：矩估计的指数衰减速度，ρ_1 和 ρ_2 在区间[0,1]内
Require：用于数值稳定的小常数 δ
Require：初始参数 θ
  初始化一阶和二阶矩变量 $s=0,r=0$
  初始化时间步 $t=0$
  while 没有达到停止准则 do
    从训练集中采集包含 m 个样本$\{x^{(1)},\cdots,x^{(m)}\}$的小批量，对应目标为 $y^{(i)}$
    计算梯度估计：$g\leftarrow\frac{1}{m}\nabla_\theta\sum_i L(f(x^{(i)};\theta),y^{(i)})$
    $t\leftarrow t+1$
    更新有偏一阶矩估计：$s\leftarrow\rho_1 s+(1-\rho_1)g$
    更新有偏二阶矩估计：$r\leftarrow\rho_2 r+(1-\rho_2)g\odot g$

修正一阶矩的偏差：$\hat{s} \leftarrow \frac{s}{1-\rho_1^t}$

修正二阶矩的偏差：$\hat{r} \leftarrow \frac{r}{1-\rho_2^t}$

计算更新：$\Delta\theta = -\varepsilon \frac{\hat{s}}{\sqrt{\hat{r}}+\delta}$

应用更新：$\theta \leftarrow \theta + \Delta\theta$

end while

图 5-11 显示了 TLSA 在 VeRi 数据集和 VRIC 数据集上训练过程的 Loss(损失)曲线，由于学习率的变化，Loss 曲线在第 20 个 epoch 的时候有震荡，随后很快收敛。

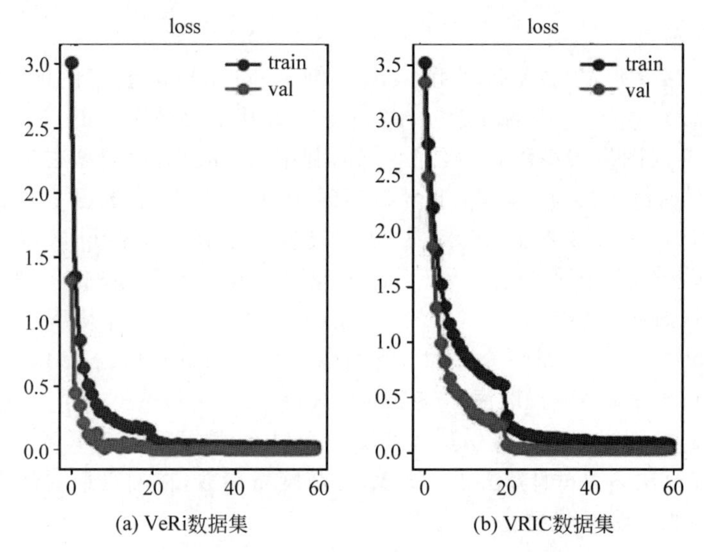

图 5-11 TLSA 在两个目标域上训练的 Loss 曲线

5.5.3 车辆图像风格迁移评估

为了验证车辆迁移生成对抗网络(VTGAN)转换图像风格的效果，在 VeRi 数据集和 VRIC 数据集上对 3 种迁移方法进行了比较，详细如下：

方法一：基准方法(CycleGAN)。CycleGAN 是目前典型的图像风格迁移的方法，能够在没有成对训练数据的情况下，将图像内容从源域迁移到目标域。在训练时，CycleGAN 只需要将源域的图像和目标域的图像作为输入即可，不要求源域跟目标域的图像内容匹配。

方法二：目标域身份映射损失(CycleGAN＋Lide)。该方法在 CycleGAN 的基础上增加了目标域身份映射损失函数 L_{ide}，该损失函数可以保证迁移前后车辆图像的相似性和颜色的一致性。

方法三：对比损失(VTGAN)。该方法为本章提出的车辆迁移生成对抗网络，在方法二的基础上增加对比损失函数 L_{con}，通过学习一种映射关系，使相同车辆之间的距离变小、不同车辆之间的距离变大；同时修改特征提取网络，使用连接-合并残差网络(CMNet-50)与局部最大池化(LMP)相结合的结构来获得更有效的车辆信息。

图 5-7 显示了使用以上 3 种方法在 VeRi 数据集与 VRIC 数据集之间转换图像风格获得的车辆图像效果，从图中可以得出如下结论：

(1) 将 VeRi 数据集转换为 VRIC 数据集风格，获得的车辆图像光照变暗、具有运动模糊的效果，与 VRIC 数据集的风格一致。

(2) 将 VRIC 数据集转化为 VeRi 数据集风格，获得的车辆图像轮廓清晰、具有较好的光照强度和色彩饱和度，与 VeRi 数据集的风格相近。

(3) 使用 CycleGAN 生成的图像具有完整的车辆轮廓，但图像清晰度不高、部分车辆信息丢失。

(4) 在 CycleGAN 的基础上增加目标域身份映射损失后，生成的车辆图像保留了更丰富的信息，图像更加完整，色彩更加真实，但图像仍然模糊。

(5) 增加对比损失函数并增强特征提取网络，使 VTGAN 生成的车辆图像更加完整与清晰、具有较好的纹理细节，更接近目标域图像的风格。

另外，图 5-12 展示了使用 VTGAN 将 VeRi 数据集迁移到 VRIC 图像风格的结果示例。可以清楚地看到，VeRi 图像的分辨率有较大的变化，同时具有了运动模糊的效果，说明 VTGAN 生成的车辆图像具有目标域的风格，并保留了源域中车辆的身份信息。

(a) VeRi数据集 (b) VeRi数据集迁移到VRIC风格

图 5-12 VeRi 中的车辆图像迁移到 VRIC 风格的结果

图 5-13 展示了使用 VTGAN 将 VRIC 数据集迁移到 VeRi 图像风格的结果示例。可以发现，VRIC 图像的清晰度与饱和度都有了变化，一定程度上具有了 VeRi 图像的风格，说明深层的 VTGAN 网络可以学习到特定任务的图像特征，并完成图像特征之间的迁移。

(a) VRIC数据集　　(b) VRIC数据集迁移到VeRi风格

图 5-13　VRIC 中的车辆图像迁移到 VeRi 风格的结果

5.5.4　车辆图像检索性能评估

针对车辆图像检索任务，由于数据集之间的差异，在源域 S 上训练的模型在目标域 T 上的性能表现会剧烈下降，因此，本章提出利用 VTGAN 转换源域 S 与标域 T 之间的图像风格，通过迁移学习提高车辆图像检索的结果。本节从迁移学习和特征提取等角度分析 TLSA 方法的有效性。

1. 数据集分配明细

本节将对比基于不同训练数据的车辆图像检索结果，主要包括 3 类方案：非图像迁移的方法、图像域直接交换的方法以及图像迁移的方法。以源域 VRIC 数据集和目标域 VeRi 数据集为例，非图像迁移的方法是指目标域 VeRi 数据集分别作为训练集与测试集，该类方法为本章参考对比的 Baseline 方法；图像域直接交换的方法是指源域 VRIC 作为训练集、目标域 VeRi 作为测试集，该类方法用于验证车辆直接跨域检索的效果；图像迁移的方法是指源域 VRIC 转换成目标域 VeRi 风格的图像作为训练集、目标域 VeRi 作为测试集，该类方法用于本章提出的基于迁移学习的车辆图像检索方法(TLSA)。

表 5-3 显示了本章实验中数据集的分配情况。其中，G 为 VTGAN 的生成器，G(VRIC) 表示将源域 VRIC 数据集中的图像迁移转换为目标域 VeRi 风格的图像，G(VeRi)表示将源域 VeRi 数据集中的图像迁移转换为目标域 VRIC 风格的图像。

表 5-3　基于迁移学习车辆图像检索的实验数据集明细

方　法	VeRi 数据集 源域：VRIC，目标域：VeRi		VRIC 数据集 源域：VeRi，目标域：VRIC	
	训练集	测试集	训练集	测试集
Baseline	VeRi	VeRi	VRIC	VRIC
Direct Transfer	VRIC	VeRi	VeRi	VRIC
TLSA	G(VRIC)	VeRi	G(VeRi)	VRIC

2. TLSA 性能评估

1）直接转换与基准方法的比较

在表 5-4 中对比基准方法(Baseline)和直接跨域的图像检索方法(Direct Transfer)，可以清楚地看到，车辆检索模型在跨数据域时的性能显著下降。具体地，利用 CMNet-50-LMP 特征提取网络，在目标域 VeRi 上训练的模型在目标域 VeRi 上测试的时候，mAP 为 60.01%，但是在源域 VRIC 上训练的模型在目标域 VeRi 上测试的时候，mAP 降低为 10.11%。当 VRIC 数据集作为目标域时，可以看到模型的性能同样会大幅度下降，这是因为不同域中的车辆图像之间具有较大的差异。

表 5-4　在目标域上不同方法性能的比较(%)

方　法	VeRi 数据集				VRIC 数据集			
	mAP	Rank@1	Rank@5	Rank@20	mAP	Rank@1	Rank@5	Rank@20
Baseline	60.01	89.63	95.47	96.84	64.13	60.05	83.26	90.62
Direct Transfer	10.11	29.50	41.95	61.26	20.14	16.72	29.63	45.00
TLSA	23.75	44.26	52.60	75.86	32.57	34.18	48.69	59.53

2）TLSA 方法的效果

通过对比 Direct Transfer(在源域 S 上训练的模型直接用于目标域 T)发现，本章提出的 TLSA 在 VeRi 数据集上的 mAP 和 Rank@1 精度分别提升了 13.64%和 14.76%，同样在 VRIC 数据集上分别有 12.43%和 17.46%的提升，这说明本章提出的 TLSA 对于跨域场景下的车辆图像检索任务是有效的。

图 5-14 展示了 TLSA 方法在目标域 VeRi 数据集上的车辆图像检索结果。图中每一

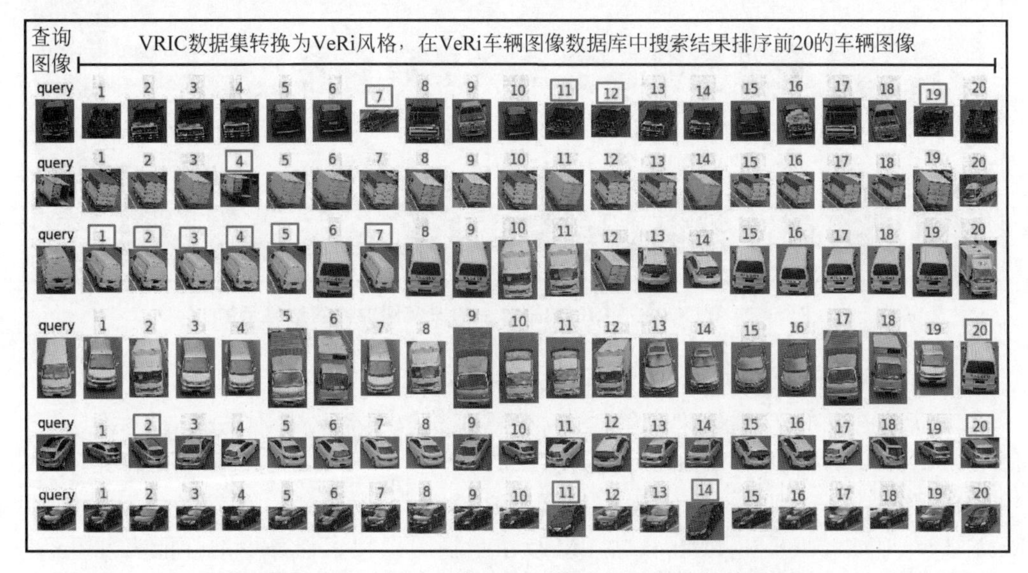

图 5-14　TLSA 在 VeRi 数据集上的车辆图像检索结果示例

行的最左侧为输入的查询车辆图像，右侧列出了检索结果中排序前20的车辆图像。在检索结果的图像上面显示了排序编号，其中带方框的编号为正确的检索结果、不带方框的编号为错误的检索结果。从图中可以看到，使用具有VeRi风格的VRIC数据集训练的TLSA模型，在不同程度上可以检索到正确的车辆，如图中带有方框编号的结果，但检索正确车辆的数目不多，这符合车辆跨域、跨摄像机追踪的事实。

图5-15展示了TLSA方法在目标域VRIC数据集上的车辆图像检索结果。从图中看到，虽然车辆检索的效果显著降低，但是对于分辨率变化较大的VRIC数据集，在排序前10的结果中都有检索正确的车辆，说明TLSA方法具有较好的鲁棒性。

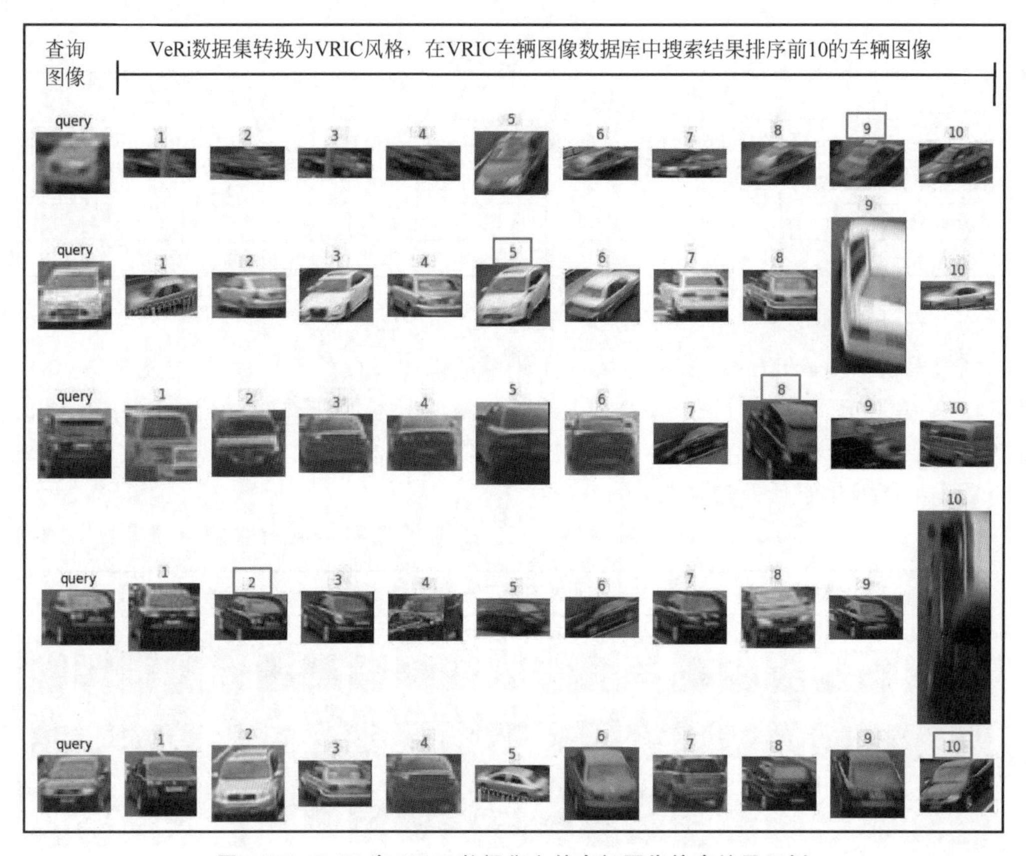

图5-15 TLSA在VRIC数据集上的车辆图像检索结果示例

3）特征提取网络的影响

为了获得更好的车辆图像检索效果，本章在获取车辆特征时将ResNet-50替换为CMNet-50，并引入二分支的局部最大池化（LMP）方法，形成最终的特征提取网络CMNet-50-LMP。图5-16分别在VeRi数据集和VRIC数据集上对比了三种特征提取网络（ResNet-50、CMNet-50和CMNet-50-LMP）在车辆图像检索任务中的性能表现（mAP精度）。对于VeRi数据集，从图5-16(a)中可以看到，无论是直接转换的方法(Direct Transfer)，还是基于车辆图像迁移的方法(TLSA),当使用CMNet-50-LMP提取车辆特征时,车辆图像检索的效果都是最佳的。对于VRIC数据集,从图5-16(b)中可以得到同样的结论。

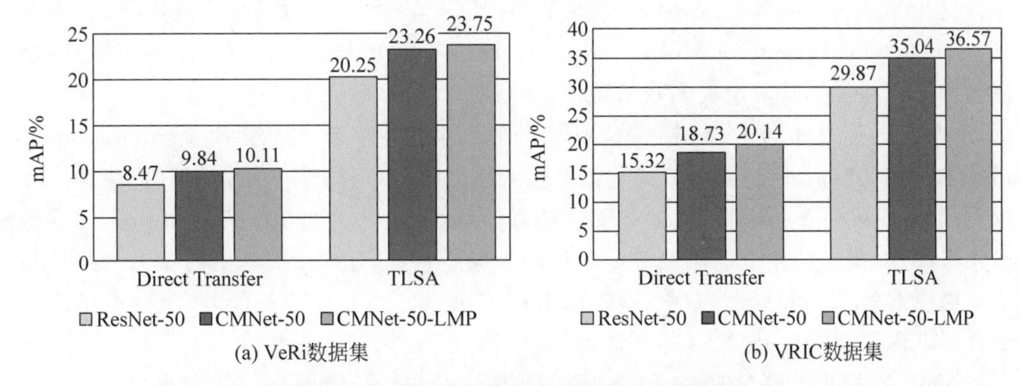

图5-16 不同特征提取方法下域适应的表现

另外,将表5-4中的Baseline作为本章及后续章节中用于对比车辆图像检索任务的基准方法,该Baseline是基于身份学习的车辆图像检索方法。

5.5.5 车辆图像检索方法对比

为了进一步评估车辆图像风格迁移后用于图像检索的效果,将本章提出的TLSA方法与目前最先进的行人图像检索和车辆图像检索方法进行比较。

1. 在VeRi数据集上的方法对比

本节在VeRi数据集上评估了TLSA与其他16个行人或车辆图像检索模型的性能表现。其中,LOMO(Local Maximal Occurrence,局部最大发生)是一种利用手工绘制的局部特征解决行人检索的方法,旨在解决视角与光照变化引起识别效率不高的问题。BOW-SIFT与BOW-CN都是基于视觉词汇向量BoW(Bag-of-Words,词袋)模型搜索图像的方法,其中BOW-SIFT提出了一种贝叶斯合并的方法,通过降低词汇相关性的影响提高检索准确率,BOW-CN将无监督的BoW描述子用于行人图像检索并获得了有竞争力的准确率。对于深度学习的方法,DGD(Domain Guided Dropout,域引导随机失活)利用卷积神经网络学习特定域的特征,FACT(Fusion of Attributes and Color Features,属性与颜色特征融合)与NuFACT(Null-space based Fusion of Color and Attribute Feature,基于零空间的颜色与属性特征融合)分别将车辆的颜色、纹理与高级语义信息相结合,FACT+Plate-SNN+STR(Spatiotemporal Relations,时空关系)与PROVID(Progressive Vehicle Re-Identification,渐进式车辆重新识别)将FACT与车牌验证相结合形成由粗到精、由近到远的渐进式车辆搜索方法,这些方法在一定程度上均获得了显著的效果。CVGAN(Cross-View Generative Adversarial Network,多视图生成对抗网络)与SCCN-Ft+CLBL-8-Ft(Spatially Concatenated ConvNet+CNN-LSTM Bi-directional Loop,空间级联卷积网络+长短时记忆双向循环网络)分别利用不同的生成对抗网络根据单视角的输入图像生成不同视角的车辆图像,ABLN-Ft-16(Adversarial Bi-directional LSTM Network,双向对抗长短时记忆网络)则提出利用双向对抗长短时记忆网络推断车辆所有视角的全局特征,VAMI(Viewpoint-aware Attentive Multi-view Inference,基于单视角注意力的多视图推理)使用单视角特征和注意力映射生成多视角特征,VAMI+STR则引入时空信息提升图像生成的质量,这些方法都是通过数据增强策略提升车辆的检索性能。JFSDL(Joint Feature and Similarity Deep Learning,联合特征与相似度的深度学习)应用孪生网络同时提取输入车辆图像对的特征,GSTE loss W/mean VGGM(Group-Sensitive-Triplet Embedding,组内敏感的三元组嵌入)提出使用三联网络学习车辆的细粒度特征,这两个方法通过提升特征质量提高了车辆检索效果。Siamese-CNN+Path-LSTM提出了一个两级框架,将视觉时空路径信息融合到车辆图像检索结果中,并验证了该方法的有效性。

在VeRi数据集上测试时,各种模型使用的训练集的情况如表5-3左侧所示。表5-5显示了TLSA方法在VeRi数据集上与其他方法的对比情况。其中,Baseline为非跨域场景下的车辆图像检索方法,是本章及后续章节对比的基准方法,TLSA为本章提出的基于迁移学习的车辆图像检索方法,其他方法为目前最先进的行人图像检索和车辆图像检索方法。从表中可以看到,TLSA获得了23.75%的mAP,同时Rank@1、Rank@5和Rank@20精度分别为44.26%、52.60%和75.86%。

表5-5 TLSA与经典的车辆图像检索方法在VeRi数据集上的结果比较(%)

方法	mAP	Rank@1	Rank@5	Rank@20
BOW-SIFT	1.51	1.91	4.53	—
LOMO	9.03	23.89	40.32	58.61
BOW-CN	12.20	33.91	53.69	—
DGD	17.92	50.70	67.52	79.93
FACT	18.54	52.35	67.16	79.97
XVGAN	24.65	60.20	77.03	88.14
ABLN-Ft-16	24.92	60.49	77.33	88.27
SCCN-Ft+CLBL-8-Ft	25.12	60.83	78.55	89.79
FACT+Plate-SNN+STR	27.77	61.44	78.78	—
NuFACT	48.47	76.76	91.42	—
VAMI	50.13	77.03	90.82	97.16
PROVID	53.42	81.56	95.11	—
JFSDL	53.53	82.90	91.60	—
Siamese-CNN+Path-LSTM	58.27	83.49	90.04	—
GSTE loss W/mean VGGM	59.47	96.24	98.97	—
VAMI+STR	61.32	85.92	91.84	97.70
Baseline	60.01	89.63	95.47	96.84
TLSA	23.75	44.26	52.60	75.86

与 Baseline 方法相比，TLSA 在 VeRi 数据集上的表现大幅度下降，这与预期是相符的，这是由不同数据域中车辆图像风格的差异导致的，即使通过迁移学习将源域中的图像转换为目标域中图像的风格，但仍然具有很大的差距。

相对于非深度学习的方法，TLSA 的 mAP 比 BOW-SIFT、LOMO 和 BOW-CN 分别高 22.24%、14.72%和 11.55%，说明图像风格迁移方法用于车辆的检索任务是可行的。

与其他基于深度学习的方法（如 DGD、FACT、XVGAN、ABLN-Ft-16、SCCN-Ft＋CLBL-8-Ft、FACT＋Plate-SNN＋STR、NuFACT、VAMI、PROVID、JFSDL、Siamese-CNN＋Path-LSTM、GSTE loss W/mean VGGM 和 VAMI＋STR）相比，在 mAP 精度上，TLSA 方法的表现优于 DGD 和 FACT，却低于其他所有方法，这说明基于图像风格迁移的 TLSA 方法是有效的，同时可以看到，跨域场景下的车辆图像检索仍然是一个具有挑战性的任务。

2. 在 VRIC 数据集上的方法对比

在 VRIC 数据集上测试时，各种模型使用的训练集的情况如表 5-3 右侧所示。表 5-6 显示了 TLSA 方法在 VRIC 数据集上与 Baseline 方法的对比情况。从比较结果看到，TLSA 方法在 VRIC 数据集上的表现同样大幅度下降，但是仍然获得了 32.57%的 mAP，并且 Rank@1、Rank@5 和 Rank@20 精度分别为 34.18%、48.69%和 59.53%，表明了基于图像风格迁移的车辆图像检索方法（TLSA）是有效的，但仍然需要进一步深入研究。

表 5-6　TLSA 在 VRIC 数据集上的检索结果（%）

方　法	mAP	Rank@1	Rank@5	Rank@20
Baseline	64.13	60.05	83.26	90.62
TLSA	32.57	34.18	48.69	59.53

5.6　本章小结

本章研究了车辆图像检索技术，针对跨域场景下图像风格变化显著等问题，提出了一种基于迁移学习场景自适应的车辆图像检索方法。首先介绍了车辆迁移生成对抗网络的算法原理和训练方法；然后研究了基于图像风格迁移的车辆图像检索算法，在特征学习过程中重点阐述局部最大池化方法；最后在 VeRi 数据集和 VRIC 数据集上分别对车辆图像风格迁移的效果和车辆图像检索的性能进行评估，验证了本章方法的有效性。

参考文献

[1] LIU X C，LIU W，MA H D，et al. Large-scale Vehicle Re-identification in Urban Surveillance Videos [C]. Proceedings of the 2016 IEEE International Conference on Multimedia and Expo (ICME)，2016：1-6.

[2] LIU X C, LIU W, MEI T, et al. A Deep Learning-based Approach to Progressive Vehicle Re-identification for Urban Surveillance[C]. Proceedings of the 2016 European Conference on Computer Vision(ECCV), 2016: 869-884.

[3] HADSELL R, CHOPRA S, LECUN Y. Dimensionality Reduction by Learning an Invariant Mapping [C]. Proceedings of the 2016 IEEE Computer Society Conference on Computer Vision and Pattern Recognition(CVPR), 2016: 1735-1742.

[4] BROMLEY J, GUYON I, LECUN Y, et al. Signature Verification Using a "Siamese" Time Delay Neural Network[J]. International Journal of Pattern Recognition and Artificial Intelligence, 1993, 7(4): 669-688.

[5] PASZKE A, GROSS S, CHINTALA S, et al. Automatic Differentiation in PyTorch[C]. Proceedings of the 2017 Neural Information Processing Systems(NIPS), 2017.

[6] SRIVASTAVA N, HINTON G, KRIZHEVSKY A, et al. Dropout: A Simple Way to Prevent Neural Networks from Overfitting[J]. Journal of Machine Learning Research, 2014, 15(1): 1929-1958.

[7] LIAO S C, HU Y, ZHU X Y, et al. Person Re-identification by Local Maximal Occurrence Representation and Metric Learning[C]. Proceedings of the 2015 IEEE Conference on Computer Vision and Pattern Recognition(CVPR), 2015: 2197-2206.

[8] ZHENG L, WANG S J, ZHOU W G, et al. Bayes Merging of Multiple Vocabularies for Scalable Image Retrieval[C]. Proceedings of the 2014 IEEE Conference on Computer Vision and Pattern Recognition(CVPR), 2014: 1963-1970.

[9] ZHENG L, SHEN L Y, TIAN L, et al. Scalable Person Re-identification: A Benchmark[C]. Proceedings of the 2015 IEEE International Conference on Computer Vision(ICCV), 2015: 1116-1124.

[10] XIAO T, LI H S, QUYANG W L, et al. Learning Deep Feature Representations with Domain Guided Dropout for Person Re-identification[C]. Proceedings of the 2016 IEEE Conference on Computer Vision and Pattern Recognition(CVPR), 2016: 1249-1258.

[11] ZHOU Y, SHAO L. Cross-view GAN Based vehicle Generation for Re-identification[C]. Proceedings of the 2017 British Machine Vision Conference(BMVC), 2017.

[12] ZHOU Y, SHAO L. Vehicle Re-identification by Adversarial Bi-directional LSTM Network[C]. Proceedings of the 2018 IEEE Winter Conference on Applications of Computer Vision(WACV), 2018: 653-662.

第6章

CHAPTER 6

基于多视角图像生成的车辆图像检索

本章在第5章的基础上进一步研究车辆图像检索技术。第5章利用迁移学习将源域上的车辆图像迁移到目标域上,针对性地研究了跨域场景下的车辆图像检索问题。然而在相同(或相近)数据域的应用场景中,由于车辆特殊的立体结构,车辆在不同视角下的可视化外观的差异很大(如正面车辆和侧面车辆),同时在同一视角中的两个相似但不同的车辆其可视化外观的差异却很小,因此仅依靠单一视角的车辆图像很难确定需要搜索的目标车辆。

6.1 引言

图6-1为城市监控摄像机拍摄的车辆图像,在相同的监控摄像机中,不同身份车辆的可视化外观差异很小,如图6-1(a)所示;而同一身份的车辆,在不同监控摄像机中的可视化外观差异却很大,如图6-1(b)所示。

(a) 同一监控摄像机中的不同车辆　　(b) 不同监控摄像机中的同一车辆

图6-1　城市监控摄像机拍摄的车辆外观图像

为了解决车辆视角变化多样、特征信息不足的问题，本章利用图像生成的思想，根据一张单视角的车辆图像生成多个隐藏视角的同一身份的车辆图像，通过图像增强的方式，将生成的车辆图像用于车辆图像检索任务，从而准确地追踪车辆的运动轨迹。

目前，多视角图像生成的方法在行人图像中得到了广泛的应用。例如，Liqian Ma 等(2017)提出了一个基于姿势的行人生成网络(Pose Guided Person Generation Network，PG^2)，可以根据给定的行人图像和目标姿势合成任意姿势的行人图像，实验表明，PG^2 可以生成具有纹理细节的高质量行人图像。为了从单个视角的输入图像生成具有不同视角的逼真图像，Bo Zhao 等(2017)提出了一种新的图像生成模型 VariGANs，VariGANs 结合变分推理和生成对抗网络的优势以从粗到细的方式生成人物衣服图像，实验表明，VariGANs 生成的图像具有一致的全局外观和清晰的细节信息。同时，多视角车辆图像的生成也取得了一些突破。例如，Wenhao Ding 等(2018)提出了一种准确估计车辆视角和形状的方法，为基于视觉的车辆定位和跟踪提供了一种强大的解决方案，可应用于大规模监控摄像机网络以实现智能交通。Junyan Zhu 等(2018)提出了一种新的生成模型——视觉对象网络(Visual Object Networks，VON)，VON 综合了物体的自然图像和三维表示，可以合成更加逼真的车辆图像，并且可以任意地旋转方向。

因此，本章提出了一种基于多视角图像生成的车辆图像检索(Multi-View Image Generation for Vehicle Re-Identification，MVIG)方法，如图 6-2 所示。MVIG 由两部分组成：①车辆图像多视角生成对抗网络(Multi-view Generative Adversarial Network for Vehicle Image，MV-GAN)；②基于多视角图像生成的特征匹配与排序。具体地，给定一张查询车辆图像和一组监控摄像机采集的车辆图像数据库，首先，利用 MV-GAN 为每一个单

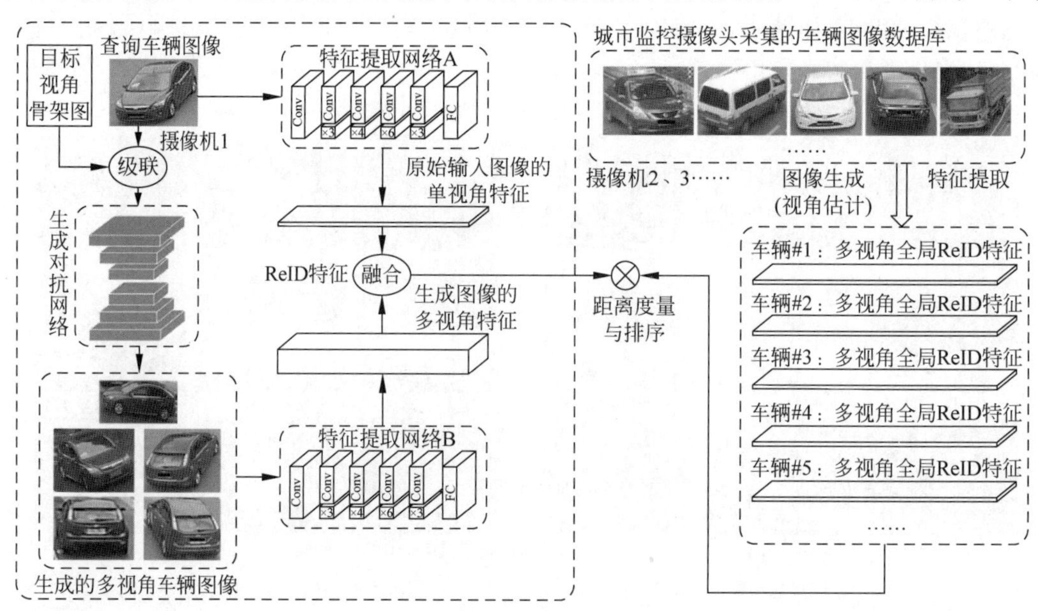

图 6-2 基于多视角图像生成的车辆图像检索方法框架图

视角的输入图像生成 8 个不同视角的车辆图像；然后，分别提取 1 张原始图像和 8 张生成图像的深度特征，通过融合 9 个特征形成增强的 ReID 特征表示；最后，利用欧氏距离计算查询车辆图像与车辆图像数据库中两两图像 ReID 特征之间的相似度，按照相似程度排序，实现有效的车辆图像检索。

本章设计了两组实验：①在 VeRi 数据集上通过消融实验评估了 MV-GAN 生成多视角车辆图像的效果，实验表明，MV-GAN 可以生成纹理清晰、趋近真实的多视角车辆图像；②在 VeRi 数据集、VehicleID 数据集和 VRIC 数据集上分别设计了多组对比实验和消融实验评估了 MVIG 车辆图像检索的效果，实验表明，使用多视角图像增强的方法是有效的，同时生成更多视角的车辆图像可以带来更好的检索效果。

综上所述，本章的主要贡献有：①设计了一种新的条件生成对抗网络，将车辆的身份标签、属性特征、视角特征以及随机噪声作为输入生成高质量的车辆图像；②利用 8 个典型的车辆视角骨架图生成视角归一化的车辆图像，在车辆图像检索任务中减小了视角特征对检索结果的影响。

6.2　问题描述

根据前文中的定义，基于视角归一化图像生成的车辆图像检索可以描述为：给定一张查询车辆图像 $I_q^{v_q}$ 和从监控视频中采集到的车辆图像数据库 $G=\{I_{g_i}^{v_g}\}_{i=1}^{N}$，以及 $I_q^{v_q}$ 与 G 中每一张图像之间相对应的二进制标签(s_{qg_i})。其中，N 为车辆图像的数量，v_q 与 v_g 分别表示两个输入图像的视角。如果 $I_q^{v_q}$ 与 $I_{g_i}^{v_g}$ 是同一身份车辆的两个不同视角的图像，那么 $s_{qg_i}=1$；否则 $s_{qg_i}=0$，表示它们是不同身份的车辆。对于每一个输入的单视角车辆图像 I^v，我们的目标是将其映射成一个具有多个视角的深度融合的特征向量 $\boldsymbol{a}$，定义如下：

$$\boldsymbol{a}=F(\boldsymbol{a}^v,\boldsymbol{a}^k) \tag{6-1}$$

其中，$\boldsymbol{a}^v$ 和 $\boldsymbol{a}^k$ 分别定义为

$$\boldsymbol{a}^v=f(I^v) \tag{6-2}$$

$$\boldsymbol{a}^k=f(\{\hat{I}^k\}_{k=1}^{k=M})=f(G(I^v)) \tag{6-3}$$

$G(\cdot)$表示生成对抗网络将输入的单视角车辆图像 I^v 转换成相同身份车辆隐藏的多视角图像$\{\hat{I}^k\}_{k=1}^{k=M}$，其中 M 是定义的视角数目，$f(\cdot)$表示提取图像特征，$F(\cdot)$表示将原始输入图像 I^v 的深度特征 $\boldsymbol{a}^v$ 与生成的不同视角图像 $G(I^v)$的特征表示 $\boldsymbol{a}^k$ 融合成全局多视角特征向量 $\boldsymbol{a}$。

确定车辆的 ReID 特征后，利用对比损失函数对车辆图像进行匹配，实现过程如下：

$$L_{\text{reid}}=\frac{1}{2N}\sum_{i=1}^{N}[s_{qg_i}d^2+(1-s_{qg_i})\max(m-d,0)^2] \tag{6-4}$$

其中，车辆图像的数量为 N，两个车辆特征的距离 $d=\|\boldsymbol{a}_q-\boldsymbol{a}_{g_i}\|_2$，若两个车辆图像匹配，则 $s_{qg_i}=1$，否则 $s_{qg_i}=0$。

当模型训练完成后，利用卷积神经网络最高层的特征向量计算查询车辆图像与摄像机采集的车辆图像数据库中两两图像特征之间的欧氏距离，并按照相似程度获得最终的排序。

6.3 车辆图像多视角生成对抗网络

为解决不同视角对车辆外观特征的影响，提出了一个车辆图像生成模型，仅根据一张可见视角的车辆图像生成多个隐藏视角的同一身份的车辆图像，将生成的车辆图像用于车辆图像检索模型的训练，该生成模型称为车辆图像多视角生成对抗网络(MV-GAN)。如图 6-3 所示，MV-GAN 由生成器网络 G 和判别器网络 D 两部分组成。输入一张车辆图像 I_i 和目标视角的骨架图 I_{v_j}，生成器网络 G 首先提取车辆的卷积特征 X(包括颜色特征 C 和类型特征 T)和骨架图的视角特征 V，然后基于车辆的身份标签 L 和服从正态分布的噪声 Z，生成新的车辆图像 $\hat{I}_j$，$\hat{I}_j$ 具有与 I_i 相同的身份以及与 I_{v_j} 相同的视角；判别器网络 D 根据真实车辆图像 I_j 判断生成的车辆图像 $\hat{I}_j$ 是否为真实车辆，从而提高生成车辆图像的质量。

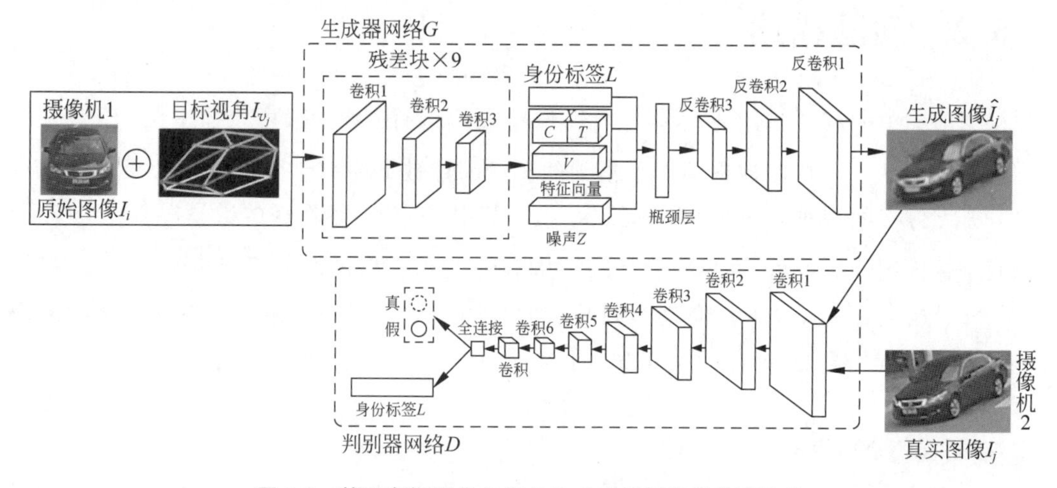

图 6-3 基于车辆图像多视角生成对抗网络的模型结构

6.3.1 车辆视角估计

车辆图像的生成过程除了需要输入车辆图像、车辆身份标签、噪声等条件之外，还需要输入目标视角的骨架图。目标视角的骨架图由预训练的视角与形状预测器获得，如图 6-4 所示。输入原始车辆图像 I_i，第一步，通过卷积神经网络回归得到车辆的位置，以 4 个车顶点、4 个车灯点和 4 个轮胎点为参照绘制车辆骨架热图，如图 6-4(a)所示；第二步，依次选取 12 个关键点(左前轮、右前轮、左后轮、右后轮、左前灯、右前灯、左后灯、右后灯、左上挡风玻璃、右上挡风玻璃、左上后窗与右上后窗)，检测并显示热图中最大概率的关键点，如图 6-4(b)所示；第三步，定位 12 个关键点以及它们之间的连接关系，输出原始车辆图像的视角骨架

图 I_{v_j}，如图 6-4(c)所示，骨架图采用分层结构，由不同的颜色进行区分。

图 6-4　车辆目标视角骨架图的估计过程

理论上，任何车辆的任何视角骨架图都可以作为基础条件用于另外一个车辆图像的生成。本章关注车辆视角的归一化问题，因此需要获取一系列的标准视角。为了统一标准，首先预测数据集中所有训练图像的视角，然后使用 k-means 聚类算法将视角分成 8 个类，形成 8 个典型的车辆视角骨架图。由于 CompCars 数据集中的车辆图像清晰、视角明确，因此本章将在 CompCars 数据集上获取 8 个不同视角的骨架图，如图 6-5 所示，并将其作为标准的

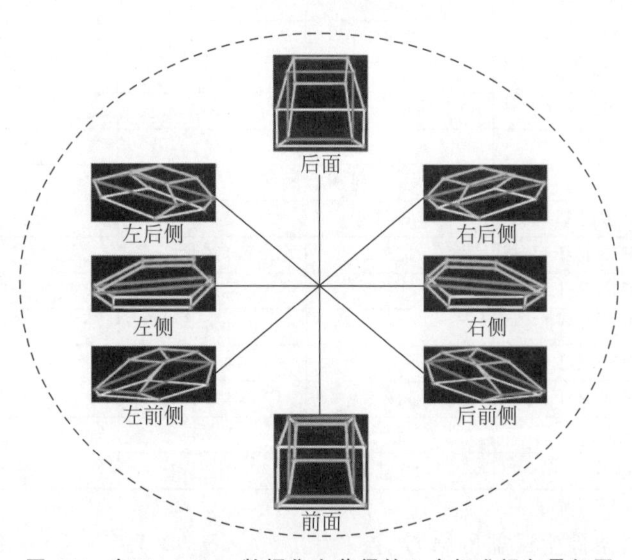

图 6-5　在 CompCars 数据集上获得的 8 个标准视角骨架图

目标视角输入后续的图像生成网络中。

6.3.2 条件生成器网络

条件生成器网络 G 基于一定的限制条件不断学习训练集中真实数据的概率分布，其目标是将输入的原始车辆图像转化为能够以假乱真的新的车辆图像。条件生成器网络 G 采用编码器-解码器结构，如表 6-1 所示，编码器由残差网络组成，包括 9 个残差块，每个残差块使用 64 个大小为 7×7、滑动步长为 1 的卷积核过滤卷积层 1，接着利用 128 个大小为 3×3、滑动步长为 2、填充边缘为 1 的卷积核过滤卷积层 2，最后使用 256 个大小为 3×3、滑动步长为 2、填充边缘为 1 的卷积核过滤卷积层 3。每个卷积层后面紧接批量标准化(BN)层与 ReLU 激活函数。编码器获得车辆的身份特征，在网络的瓶颈层(Bottleneck Layer)与目标视角骨架特征、车辆身份标签与随机噪声向量融合，形成 256 维融合特征向量作为生成网络的数据，并输入到解码器中。解码器采取反卷积对输入特征向量执行上采样操作，首先利用大小为 3×3、滑动步长为 2、填充边缘为 1 的卷积核生成 128 维的特征向量，进一步仍然使用大小为 3×3、滑动步长为 2、填充边缘为 1 的卷积核生成 64 维的特征向量，最后使用大小为 7×7、滑动步长为 1 的卷积核生成三维的车辆图像，其中前两层反卷积使用 ReLU 激活函数，最后一层输出的反卷积采用 Tanh 激活函数。

表 6-1 多视角生成对抗网络参数设置

	网络层次	输出大小	卷积核大小	步长	填充边缘
	生成器网络				
×9	卷积层 1/BN/ReLU	64	7×7	1	0
	卷积层 2/BN/ReLU	128	3×3	2	1
	卷积层 3/BN/ReLU	256	3×3	2	1
	反卷积层 3/BN/ReLU	128	3×3	2	1
	反卷积层 2/BN/ReLU	64	3×3	2	1
	反卷积层 1/Tanh	3	7×7	1	0
	判别器网络				
	卷积层 1/ReLU	64	4×4	2	1
	卷积层 2/BN/ReLU	128	4×4	2	1
	卷积层 3/BN/ReLU	256	4×4	2	1
	卷积层 4/BN/ReLU	512	4×4	2	1
	卷积层 5/BN/ReLU	512	4×4	2	1
	卷积层 6/BN/ReLU	512	4×4	1	1
	卷积层	1	1×1	1	0
	全连接层	1024	—	—	—

如图 6-3 所示，条件生成器网络 G 定义为：$\mathbb{R}^{L}\times\mathbb{R}^{X}\times\mathbb{R}^{Z}\times\mathbb{R}^{V}\rightarrow\mathbb{R}^{I}$，其中 L 为车辆身份标签，X 代表输入车辆图像的特征(包括颜色特征 C 与类型特征 T)，Z 为随机噪声，V

是目标视角，I 为生成的图像。具体地，给定摄像机 1 中的一个原始车辆图像 I_i 和摄像机 2 中的一个目标车辆图像 I_j，以及目标车辆视角骨架图 I_{v_j}，其中 I_j 与 I_i 为同一车辆且与 I_{v_j} 具有相同的视角，编码器-解码器网络逐步采样 I_i 深层次的语义信息，存储在瓶颈层，并综合丰富的低层次信息(如视角特征 V、身份标签 L、随机噪声 Z)，然后执行上采样操作生成与目标车辆 I_j 尽可能相似的新的车辆图像 $\hat{I}_j$。因此，条件生成器网络 G 的目标函数的优化过程定义如下：

$$L_G = E_{Z \sim p_Z(Z);\, X,V,L \sim p_{\text{data}}(X,V,L)}[\log(1 - D(G(Z,X,V,L)))] \tag{6-5}$$

条件生成器网络 G 的输入是 Z、X、V 和 L 的融合，Z 是服从标准正态分布的随机噪声，X 为从原始输入车辆图像中学习到的特征，V 是预期视角的视角特征，L 为车辆身份标签，生成器网络 G 基于该身份标签确保生成的图像与输入的图像为同一车辆，即生成器网络 G 的训练为有监督学习的过程。

6.3.3 判别器网络

判别器网络 D 判断一个图像是否为真实的图像，其目标是将条件生成器网络 G 产生的“假”车辆图像与训练集中的“真”车辆图像进行分辨，实质是一个图像二分类问题。判别器网络 D 是一个下采样的卷积过程，由 7 个卷积层和 1 个全连接层组成，如表 6-1 所示。输入条件生成器网络 G 生成的三维车辆图像，使用 64 个大小为 4×4、滑动步长为 2、填充边缘为 1 的卷积核过滤卷积层 1，接着分别使用大小为 4×4 的卷积核过滤卷积层 2、卷积层 3、卷积层 4、卷积层 5 和卷积层 6，然后附加一个卷积层将卷积层 6 的特征向量转换为一维向量，最后全连接层输出判别结果与车辆的身份信息。卷积层 2～卷积层 6 使用批量标准化层，将特征层的输出归一化，同时卷积层 1～卷积层 6 均使用 ReLU 激活函数。

如图 6-3 所示，判别器网络 D 定义为：$\mathbb{R}^I \to \{0,1\} \times L_i$，其中 L_i 为车辆身份标签的属性范围。具体地，给定条件生成器网络 G 生成的车辆图像 $\hat{I}_j$ 和摄像机 2 中一个真实的目标车辆图像 I_j，判别器网络 D 提取两个车辆图像的特征，输出生成车辆图像 $\hat{I}_j$ 为真实车辆的概率，以及该车辆的身份标签。因此，判别器网络 D 目标函数的优化过程定义如下：

$$L_D = E_{x \sim p_{\text{data}}(x)}[\log D(x)] - \log(D(x), l) \tag{6-6}$$

由于最终目标是获得最佳的生成器网络 G，因此，优化过程是逐步地最小化目标函数 L_G 和 L_D，直到网络收敛。

6.4 基于多视角的车辆图像检索

如图 6-2 所示，实现车辆图像检索需要训练 3 个网络模型，其中 1 个模型为多视角生成对抗网络(MV-GAN)，另外 2 个模型为用于车辆图像检索的特征提取网络 A 与 B，本节关注这 2 个特征提取网络模型。模型 A 基于训练集中的原始车辆图像进行训练，用于提取当前视角下车辆的身份不变性的特征；模型 B 基于 MV-GAN 生成的多视角图像进行训练，提取车辆视角无关性的特征(即视角归一化)。将模型 A 提取的特征与模型 B 提取的特征融合，形成最终用于图像检索的车辆特征表示。

6.4.1 特征提取

为获得车辆图像丰富的语义信息，利用 5.4.1 节提出的基于全局平均池化的特征提取网络(CMNet-50-LMP)获取车辆特征。如图 6-2 所示，给定摄像机 1 中的查询车辆图像 I_q，特征提取网络 A(即 CMNet-50-LMP-A)产生一个特征 f_{I_q}；对于 MV-GAN 生成的多视角车辆图像 $\{\hat{I}_q,V_j\}_{j=1}^{8}$，特征提取网络 B(即 CMNet-50-LMP-B)产生一个增强的特征集 $f_{\{\hat{I}_q,V_j\}_{j=1}^{8}}$，其中，$1\leqslant j\leqslant 8$ 为车辆图像的 8 个不同视角；将两个特征集融合为 $f_q=f_{I_q}+f_{\{\hat{I}_q,V_j\}_{j=1}^{8}}$，作为该查询车辆图像 I_q 最终的 ReID 特征。其中，CMNet-50-LMP-A 与 CMNet-50-LMP-B 具有相同的网络结构，区别在于参与训练的数据集不同，分别为原始的车辆图像和生成的车辆图像。

6.4.2 距离度量

给定摄像机 2、3 等采集到的车辆图像数据库 $\{I_{g_i}\}_{i=1}^{N}$，该数据库包含 N 张车辆图像，如图 6-2 所示。与查询车辆图像 I_q 的 ReID 特征提取过程类似，对于车辆图像数据库 $\{I_{g_i}\}_{i=1}^{N}$ 中的每张车辆图像，特征提取网络 CMNet-50-LMP-A 与 CMNet-50-LMP-B 分别产生特征集 $f_{\{I_{g_i}\}_{i=1}^{N}}$ 与增强的特征集 $f_{\{\{\hat{I}_{g_i}\}_{i=1}^{N},V_j\}_{j=1}^{8}}$，将两个特征集融合为 $f_{\{g_i\}_{i=1}^{N}}=f_{\{I_{g_i}\}_{i=1}^{N}}+f_{\{\{\hat{I}_{g_i}\}_{i=1}^{N},V_j\}_{j=1}^{8}}$，作为车辆图像数据库 $\{I_{g_i}\}_{i=1}^{N}$ 中每张车辆图像的 ReID 特征。最后，使用欧氏距离计算查询车辆图像 I_q 与车辆图像数据库 $\{I_{g_i}\}_{i=1}^{N}$ 中两两图像 ReID 特征之间的相似度，其距离公式表示为

$$d_{I_q,\{I_{g_i}\}_{i=1}^{N}}=\| f_q-f_{\{g_i\}_{i=1}^{N}} \|_2 \tag{6-7}$$

同时，通过最小化式(6-4)所示的对比损失函数 L_{reid}，使相同车辆图像(正样本对)的距离尽可能小，不同车辆图像(负样本对)的距离尽可能大，最终实现基于多视角图像生成的车辆图像检索。

6.4.3 推理过程

当特征提取网络训练完成后，在推理阶段，给定一个查询车辆图像 I_q，将其送入特征提取网络 CMNet-50-LMP-A 获得一个特征 f_{I_q}；综合不同视角的 8 个生成图像，将其送入特征提取网络 CMNet-50-LMP-B 获得 8 个不同视角的特征集 $f_{\{\hat{I}_q,V_j\}_{j=1}^{8}}$；融合两个特征提取

网络获得的 9 个特征集$\{f_{I_q}, f_{\{\hat{I_q}, V_j\}_{j=1}^8}\}$，得到查询车辆图像 I_q 最终的 ReID 特征。同理，对于不同摄像机获得的车辆图像数据库$\{I_{g_i}\}_{i=1}^N$ 中的每一个车辆图像，使用同样的方法获得每张图像的 9 个特征集$\{f_{\{I_{g_i}\}_{i=1}^N}, f_{\{\{\hat{I}_{g_i}\}_{i=1}^N, V_j\}_{j=1}^8}\}$，得到车辆图像数据库$\{I_{g_i}\}_{i=1}^N$ 最终的 ReID 特征。然后，计算查询车辆图像 I_q 与车辆图像数据库$\{I_{g_i}\}_{i=1}^N$ 中每张图像最终特征向量之间的欧氏距离，并利用该距离对车辆图像数据库$\{I_{g_i}\}_{i=1}^N$ 中的图像进行排序。

6.4.4 图像风格迁移与多视角图像生成结合的车辆图像检索

针对图像风格迁移与多视角图像增强相结合的方法，给定源域 S 中的查询车辆图像 I_S 与目标域数据集 T，图像检索实现过程如下：

(1) 转换源域 S 中的车辆图像 I_S 为目标域 T 的风格，记为 I_{T_0}。

(2) 对于查询车辆图像 I_{T_0} 与目标域车辆图像数据库$\{I_{T_i}\}_{i=1}^N$，利用 6.3 节提出的多视角生成对抗网络(MV-GAN)分别生成 8 个不同视角的车辆图像 $f_{\{\hat{I}_{T_0}, V_j\}_{j=1}^8}$ 与 $f_{\{\{\hat{I}_{T_i}\}_{i=1}^N, V_j\}_{j=1}^8}$，提取并融合其特征，分别记为$\{f_{I_{T_0}}, f_{\{\hat{I}_{T_0}, V_j\}_{j=1}^8}\}$与$\{f_{\{I_{T_i}\}_{i=1}^N}, f_{\{\{\hat{I}_{T_i}\}_{i=1}^N, V_j\}_{j=1}^8}\}$。

(3) 利用欧氏距离计算查询车辆特征 $f_{T_0}=\{f_{I_{T_0}}, f_{\{\hat{I}_{T_0}, V_j\}_{j=1}^8}\}$与目标域车辆图像数据库中车辆特征 $f_{\{T_i\}_{i=1}^N}=\{f_{\{I_{T_i}\}_{i=1}^N}, f_{\{\{\hat{I}_{T_i}\}_{i=1}^N, V_j\}_{j=1}^8}\}$两两之间的相似度，并按照相似程度排序，获得跨域场景下多视角图像增强的车辆图像检索结果。

6.5 实验结果与分析

首先评估车辆图像多视角生成对抗网络(MV-GAN)的性能，进一步探索基于 MV-GAN 的车辆图像检索方法 MVIG 的表现。实验基于 TensorFlow(MV-GAN 部分)和 PyTorch(MVIG 部分)网络框架实现，并在配置有 Intel Core i7-7700K CPU 和 NVIDIA GTX 1080Ti GPU 的 PC 上运行。

6.5.1 数据集

为了有效验证多视角图像生成和车辆图像检索方法的执行效果，使用 3 个重要的城市监控车辆图像检索数据集进行实验：VeRi 数据集、VehicleID 数据集和 VRIC 数据集。

1. VeRi 数据集

VeRi 数据集的详细介绍参见 5.5.1 节。

2. VehicleID 数据集

VehicleID 数据集由北京大学数字视频编解码技术国家工程实验室(NELVT)建设。VehicleID 数据集由部署在中国一个小城市的多个真实监控摄像机采集获得,主要在白天进行拍摄。VehicleID 数据集不仅标记了车辆的身份 ID、颜色属性,还标注了车辆的品牌型号信息,如五菱荣光 2008 款、奥迪 A6L-2012 款、奔驰-R 级 2010 款等 250 个品牌型号。

VehicleID 数据集包含 27885 个不同身份车辆的 222628 张图像,其中 113346 张车辆图像用于训练,109282 张车辆图像分成 6 个不同的组用于测试(具体为 13164 个不同身份车辆的 108221 张图像、6000 个不同身份车辆的 48922 张图像、3200 个不同身份车辆的 26353 张图像、2400 个不同身份车辆的 19777 张图像、1600 个不同身份车辆的 13377 张图像、800 个不同身份车辆的 6493 张图像)。与 VeRi 数据集类似,VehicleID 数据集包含丰富的车辆颜色、类型、光照条件与场景信息,但其车辆图像只包含车辆的正面与背面两个视角,如图 6-6 所示。

图 6-6 VehicleID 数据集中的车辆图像样本

3. VRIC 数据集

VRIC 数据集的详细介绍参见 5.5.1 节。

表 6-2 显示了三个数据集中的数据统计和分布情况。

表 6-2 三个数据集中的数据统计和分布

名称	类型	总计	训练集	测试集	
				待查询	检索库
VeRi 数据集	车辆身份数目	776	576	200	200
	车辆图像数目	49357	37778	1678	11579
VehicleID 数据集	车辆身份数目	27885	13164	—	13164
	车辆图像数目	222628	113346	—	109282
VRIC 数据集	车辆身份数目	5622	2811	2811	2811
	车辆图像数目	60430	54808	2811	2811

6.5.2 评价指标与实验设置

1. 评价指标

采用平均精度均值(mAP)、排序第一准确率(Rank@1)、排序第五准确率(Rank@5)和排序第二十准确率(Rank@20)等指标评价车辆图像检索任务的准确率,这些指标的详细定义如 5.5.2 节所述。

2. 实验设置

训练 MV-GAN 时,输入图像的大小调整为 256×128,利用 Adam 算法(如算法 5-1 所示)优化网络参数。整个网络训练 20 个 epoch,batch_size 设置为 32,学习率(learning_rate)为 0.0002,dropout 参数设置为 0.5。

车辆图像检索模型 MVIG 训练参数的设置与 5.5.2 节中 TLSA 的设置相同。

图 6-7 显示了 MVIG 在三个不同数据集上训练过程的 Loss 曲线,可以看到,整个训练过程都正常收敛。当迭代 20 个 epoch 时,在 VeRi 数据集与 VehicleID 数据集上,训练 Loss 与验证 Loss 均出现一定幅度的震荡,这是由于学习率变化而引起的波动,随后的训练平稳收敛。

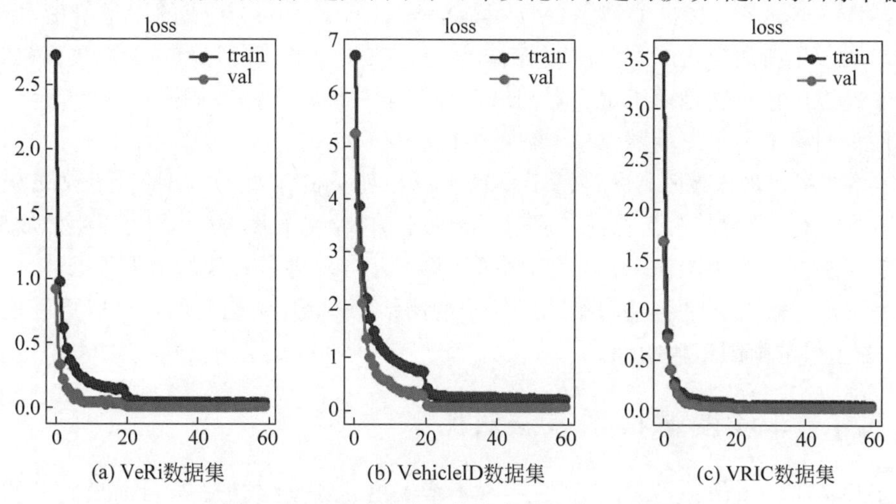

图 6-7 MVIG 在三个数据集上训练的 Loss 曲线

6.5.3 多视角生成对抗网络性能评估

在评估最终的车辆图像检索性能之前，首先评价 MV-GAN 将一张输入图像生成多视角车辆图像的效果。为验证 MV-GAN 网络中关键部分对生成结果的影响，在 VeRi 数据集上进行多组消融实验，详细如下：

方法一：车辆多属性特征（MV-GAN）。该方法为本章提出的基于车辆图像的多视角生成对抗网络，输入的车辆属性特征包括身份标签 L、颜色特征 C、类型特征 T、视角特征 V 和随机噪声 Z，具体实现如 6.3 节所述。将该方法作为基准方法，以下两个方法为该方法的消融研究。

方法二：车辆单一特征（MV-GAN-w/o-Attributes）。该方法在方法一的基础上去掉车辆的颜色特征 C 与类型特征 T，如图 6-3 所示，输入原始车辆图像 I_i 和目标车辆视角骨架图 I_{v_j} 后，仅将身份标签 L、视角特征 V 与随机噪声 Z 作为条件输入到生成网络中，获得最终的车辆图像。该方法用于验证车辆属性对生成结果的影响。

方法三：变分自动编码器（Variational Auto-Encoder，VAE）。该方法在方法一的基础上去掉判别器网络，仅使用与方法一相同的条件生成器网络，将特征提取网络与反卷积网络分别作为编码器与解码器，如 6.3.2 节所述。该方法用于探索生成对抗网络（GAN）框架对车辆图像生成效果的影响。

图 6-8 显示了使用以上 3 种方法生成多视角车辆图像的结果，图中左侧为输入的单视角原始车辆图像，右侧为使用 3 种不同方法生成的车辆图像，从图中可以得出如下结论：

（1）变分自动编码器（VAE）生成的车辆图像基本上具有正确的车辆颜色、类型、视角等信息，但是生成的图像比较模糊，含有大量的噪声信息，这是因为与基于 GAN 结构的方法相比，VAE 结构的网络缺少判别器，不能很好地优化生成器使其学习到逼近真实图像的数据，这样的图像对最终车辆检索任务性能的提升是有限的。

（2）基于车辆单一特征的网络（MV-GAN-w/o-Attributes）生成的图像清晰，但是生成的部分车辆产生扭曲变化（如部分黄色汽车与黑色汽车变形、重影等）与颜色失真（如生成的黄色汽车趋近白色），这是由于生成器网络没有完全利用输入图像固有的颜色与类型特征，这样的图像同样不利于车辆图像检索任务性能的提升。

（3）本章提出的 MV-GAN 是基于车辆多属性特征的生成对抗网络，不仅充分利用了输入车辆的颜色、类型与视角特征，还使用了判别器网络指导图像优化，可以生成纹理清晰、趋近真实的多视角车辆图像，为后续车辆图像检索任务提供了有效的增强数据。

（4）在相同输入条件下，基于 GAN 结构的网络比 VAE 结构的网络可以更好地恢复图像信息，并生成清晰的车辆图像。

6.5.4 车辆图像检索方法对比

为了评估车辆图像检索方法的效果，将本章提出的 MVIG 方法与目前最先进的行人图

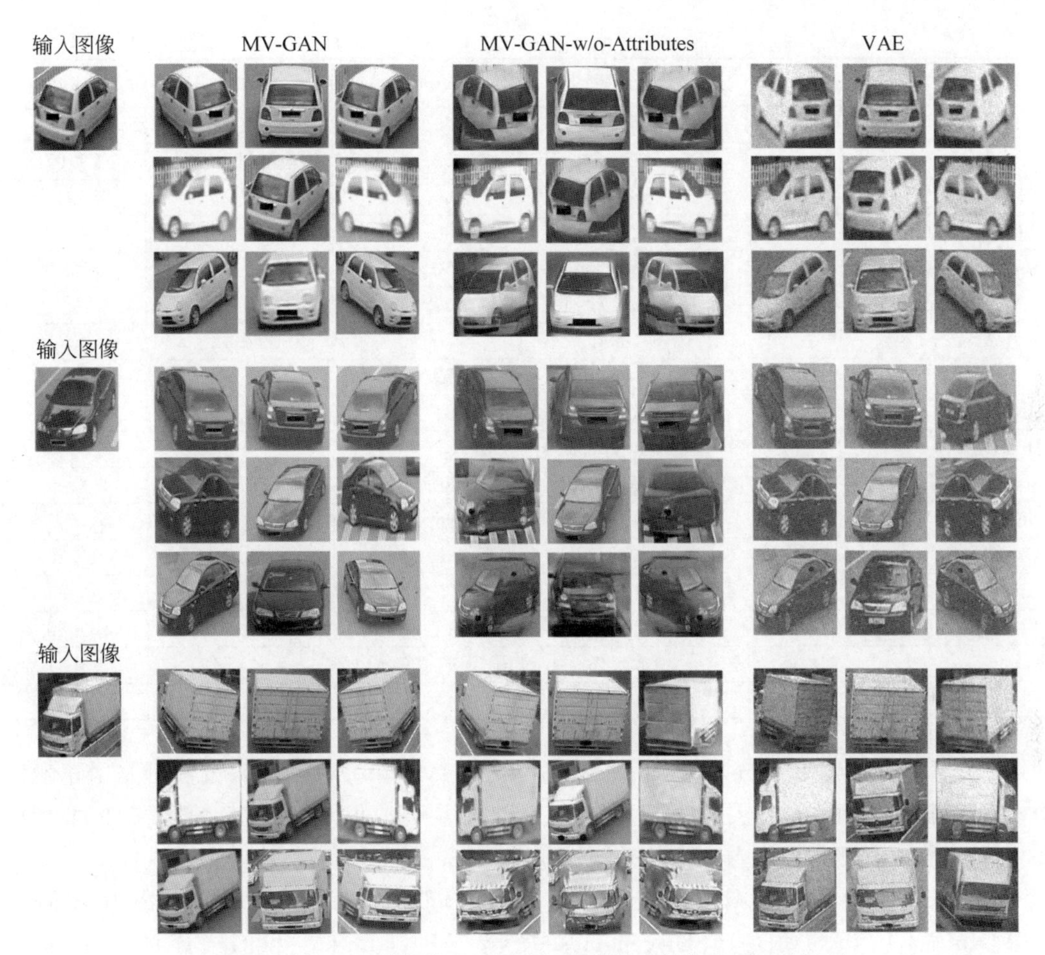

图 6-8 在 VeRi 数据集上不同方法生成的多视角车辆图像示例

像检索和车辆图像检索方法进行比较。

1. 在 VeRi 数据集上的方法对比

表 6-3 显示了 MVIG 方法在 VeRi 数据集上与其他方法的对比情况，从表中可以看到，MVIG 获得了 63.16%的 mAP，超过了参与比较的所有其他方法，同时 Rank@1、Rank@5 和 Rank@20 精度分别为 91.06%、95.77%和 98.57%，均获得了较好的表现。具体分析如下：

表 6-3 不同的车辆图像检索方法在 VeRi 数据集上的结果比较(%)

方　法	mAP	Rank@1	Rank@5	Rank@20
BOW-SIFT	1.51	1.91	4.53	—
LOMO	9.03	23.89	40.32	58.61
BOW-CN	12.20	33.91	53.69	—

续表

方　法	mAP	Rank@1	Rank@5	Rank@20
DGD	17.92	50.70	67.52	79.93
FACT	18.54	52.35	67.16	79.97
XVGAN	24.65	60.20	77.03	88.14
ABLN-Ft-16	24.92	60.49	77.33	88.27
SCCN-Ft+CLBL-8-Ft	25.12	60.83	78.55	89.79
FACT+Plate-SNN+STR	27.77	61.44	78.78	—
NuFACT	48.47	76.76	91.42	—
VAMI	50.13	77.03	90.82	97.16
PROVID	53.42	81.56	95.11	—
JFSDL	53.53	82.90	91.60	—
Siamese-CNN+Path-LSTM	58.27	83.49	90.04	—
GSTE loss W/mean VGGM	59.47	96.24	98.97	—
VAMI+STR	61.32	85.92	91.84	97.70
Baseline	60.01	89.63	95.47	96.84
TLSA	23.75	44.26	52.60	75.86
MVIG	63.16	91.06	95.77	98.57
TLSA+MV-GAN	23.98	44.77	53.25	76.61

(1) 对于非深度学习的方法，如 BOW-SIFT、LOMO 和 BOW-CN，虽然研究了车辆图像检索任务中存在的视觉转换、光照变化、局部重叠等问题，但是其 mAP 精度与 Rank 精度都相对较低，与基于深度学习方法的差距较大。

(2) 基于单视角车辆图像研究的深度模型，如 DGD、FACT、FACT＋Plate-SNN＋STR、NuFACT、PROVID、JFSDL、Siamese-CNN＋Path-LSTM 和 GSTE loss W/mean VGGM，分别获得了 17.92％、18.54％、27.77％、48.47％、53.42％、53.53％、58.27％和 59.47％的 mAP。这些方法基于单个视角的车辆图像，通过获取多模态特征、与车牌相结合、融合时空信息等方式获得丰富的车辆特征，从而实现精准的车辆图像检索性能。这些方法在车辆图像检索中的表现不断提升，但仍然与 MVIG 有一定的差距，其中性能最好的 GSTE loss W/mean VGGM，虽然其 Rank@1 和 Rank@5 精度相对较高，但 mAP 精度仍然比 MVIG 低 3.69％。这表明单视角的车辆图像在检索任务中存在局限性，当视角变化时，车辆特征存在大量信息丢失，严重影响车辆图像检索的效果。

(3) 基于多视角的车辆图像检索研究均与生成对抗网络相结合，将单一视角的输入图像转换成多个视角的车辆图像，通过增强的训练数据获得丰富的车辆特征，这些方法有 XVGAN、ABLN-Ft-16、SCCN-Ft＋CLBL-8-Ft、VAMI 和 VAMI＋STR。其中，在 mAP 精度方面，表现最好的 VAMI＋STR 比 GSTE loss W/mean VGGM 高 1.85％，但比 MVIG 低 1.84％，这表明本章提出的 MVIG 可以有效地实现城市监控场景下的车辆图像检索任务。

(4) 与本文提出的 Baseline 方法相比，MVIG 在 mAP、Rank@1、Rank@5 和 Rank@20 精度方面分别提升了 3.15%、1.43%、0.3%和 1.73%，与第 5 章提出的 TLSA 相比，MVIG 明显具有较大的优势，进一步表明 MVIG 方法的有效性。

(5) 为了进一步探索多视角图像增强在跨域场景下的性能，首先利用第 5 章提出的车辆迁移生成对抗网络(VTGAN)转换图像风格；然后对于每一张单视角的车辆图像，使用 6.3 节提出的多视角生成对抗网络(MV-GAN)生成 8 个不同视角的图像；最后提取多视角的车辆特征完成图像检索任务，该方法记为 TLSA＋MV-GAN。从表 6-3 中的对比结果发现，通过多视角图像增强后，对于 VeRi 数据集，TLSA＋MV-GAN 比 TLSA 的性能有所提升，这表明图像增强的思路是正确且有效的。同时，可以看到，在 TLSA 的基础上，TLSA＋MV-GAN 性能的提升并不高，这是因为风格迁移后的车辆图像质量有所下降，在此基础上再生成多视角图像，最终的图像质量会进一步降低。

图 6-9 展示了 MVIG 方法在 VeRi 数据集上的车辆图像检索结果。从图 6-9 中可以看到，在大多数情况下，与查询图像具有较大视角变化的相同车辆图像可以从相似的候选图像中成功地检索出来，但是仍然存在一些错误的检索结果，这些错误的结果通常是由于同一视角中非常相似的候选车辆的均匀视觉效果或检索库中已无相同身份的车辆。与图 5-14 中 TLSA 方法的结果相比，MVIG 方法的检索效果显著提升，可以检索到更多正确的车辆，进一步表明 MVIG 方法的有效性。

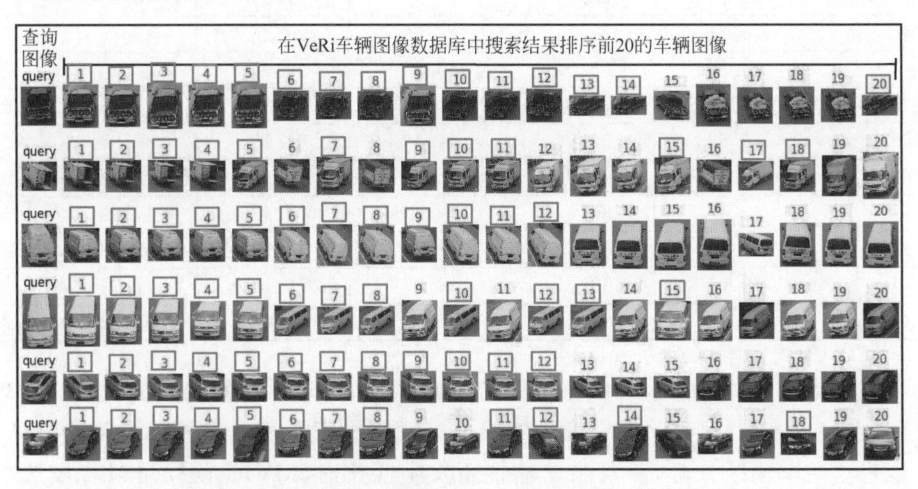

图 6-9　MVIG 在 VeRi 数据集上的车辆图像检索结果示例

2. 在 VehicleID 数据集上的方法对比

表 6-4 显示了在 VehicleID 数据集上 MVIG 与其他 10 个行人或车辆图像检索模型的实验对比情况。其中，DRDL(Deep Relative Distance Learning，深度相对距离学习)利用双分支卷积神经网络将原始图像映射到一个欧氏特征空间中，在该空间中相同类型车辆的图像更加聚集，非同类车辆的图像更加远离，并获得了较好的检索结果。

从表 6-4 中可以看到，MVIG 在测试集大小分别为 800、1600 和 2400 上的 Rank@1 与 Rank@5 精度均获得了最佳的表现。同样，基于非深度学习的方法（如 BOW-SIFT、LOMO 和 BOW-CN）在 VehicleID 数据集上的 Rank 精度仍然与基于深度学习的方法差距较大。基于多视角的车辆图像检索方法（如 XVGAN 和 VAMI）相对于原始单视角的方法（如 DGD、NuFACT、FACT 和 JFSDL）在 Rank 精度方面有一定的优势，但仍然低于本章提出的 MVIG 方法。

通过对比 MVIG 在表 6-3 和表 6-4 中的结果可以发现，MVIG 在 VeRi 数据集上的 Rank 精度明显高于在 VehicleID 数据集上的表现，这是由于 VeRi 数据集中有 576 个车辆的 37778 张图像参加训练（每个车辆平均包含 65.5 张图像），而 VehicleID 数据集中有 13164 个车辆的 113346 张图像参加训练（每个车辆平均包含 8.6 张图像），因此，即使利用生成对抗网络生成了更多的车辆图像，但对于每一个具体车辆，MVIG 在 VeRi 数据集上可以学习到更多的视觉特征，因而具有更高的辨别能力。

表 6-4　不同的车辆图像检索方法在 VehicleID 数据集上的结果比较（%）

方　法	测试集大小＝800		测试集大小＝1600		测试集大小＝2400	
	Rank@1	Rank@5	Rank@1	Rank@5	Rank@1	Rank@5
BOW-SIFT	2.81	4.23	3.11	5.22	2.11	3.76
BOW-CN	13.14	22.69	12.94	21.09	10.20	17.89
LOMO	19.74	32.14	18.95	29.46	15.26	25.63
DGD	44.80	66.28	40.25	65.31	37.33	57.82
NuFACT	48.90	69.51	43.64	65.34	38.63	60.72
FACT	49.53	67.96	44.63	64.19	39.91	60.49
DRDL	48.91	66.71	46.36	64.38	40.97	60.02
XVGAN	52.87	80.83	49.55	71.93	44.89	66.65
JFSDL	54.80	85.26	48.29	78.79	41.29	70.63
VAMI	63.12	83.25	52.87	75.12	47.34	70.29
MVIG	74.53	89.86	67.94	81.65	63.32	77.62

图 6-10 展示了 MVIG 方法在 VehicleID 数据集上的车辆图像检索结果。从图 6-10 中可以看到，在绝大多数情况下，数据库中的候选车辆与查询车辆具有相同的视角，MVIG 可以较好地将这些车辆区分开，并且当车辆视角发生变化时，MVIG 同样可以将候选车辆与查询车辆匹配，如图中第一行排序编号为 17 的正面白色汽车与背面有灯光变化的查询汽车。与图 6-9 中的结果相比，图 6-10 中检索错误的结果比较多，这是因为检索库中每个车辆包含的图像较少。

3. 在 VRIC 数据集上的实验结果

VeRi 数据集与 VehicleID 数据集采用高质量的图像以及几乎恒定尺度的细粒度外观车辆，这与现实的车辆图像检索场景有较大的差异，而 VRIC 数据集从 UA-DETRAC 训练集中截取，具有多样的车辆图像分辨率及比例，如图 5-10 所示。因此，本章在更接近现实的

图 6-10　MVIG 在 VehicleID 数据集上的车辆图像检索结果示例

VRIC 数据集上评估 MVIG 方法的性能。

通过实验得到，MVIG 方法在 VRIC 数据集上的 mAP 精度为 67.28%，其中 Rank@1、Rank@5 和 Rank@20 精度分别为 62.43%、84.45% 和 92.14%。从结果来看，MVIG 方法在 VRIC 数据集上的检索性能并没有大幅降低，这表明了 MVIG 方法的鲁棒性和有效性。

图 6-11 展示了 MVIG 方法在 VRIC 数据集上的车辆图像检索结果。从图 6-11 中可以看到，错误的检索结果比较多，这是由 VRIC 数据集的复杂性造成的，但对于每一张查询车辆图像，MVIG 都能在比较靠前的排序结果中检索到正确的车辆。

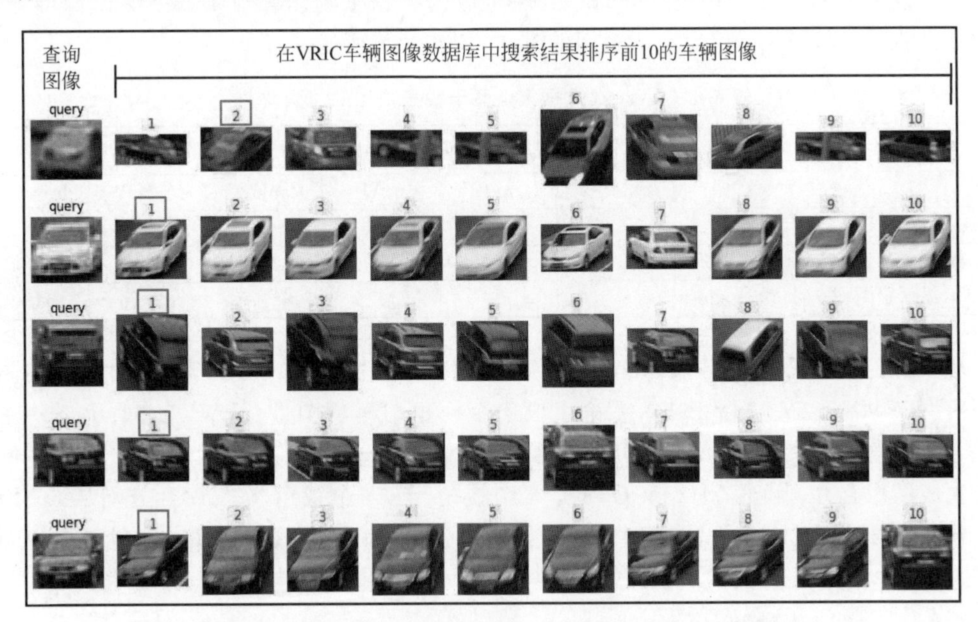

图 6-11　MVIG 在 VRIC 数据集上的车辆图像检索结果示例

6.5.5 车辆图像检索消融实验

本章提出利用 MV-GAN 生成多个视角的车辆图像，通过增强训练数据，提高了车辆图像检索的效果。因此，本节从多个角度评估增强车辆图像对 MVIG 方法最终性能的影响。

表 6-5 显示了在不同数据集上使用生成的车辆图像对 MVIG 检索结果的影响。以只有原始车辆图像的训练模型(CMNet-50-LMP-A)作为基准方法，从表 6-5 中可以看到，当只使用生成的车辆图像训练模型(CMNet-50-LMP-B)时，在三个数据集上车辆图像检索的性能都有大幅度地下降，这是因为 MV-GAN 生成的图像与原始的训练图像存在一定程度上的差异，如模糊、扭曲、变色等情况。当原始图像与生成的车辆图像合并，共同用于训练模型(MVIG)时，在三个数据集上 MVIG 的检索性能都有显著的提升，这充分表明了生成的车辆图像对原始图像的补充作用。

表 6-5 在不同数据集上对 MVIG 方法的消融研究

数据集	VeRi 数据集		VehicleID 测试集=800		VRIC 数据集	
方法	mAP	Rank@1	mAP	Rank@1	mAP	Rank@1
CMNet-50-LMP-A(只有原始图像)	60.01	89.63	—	70.14	64.13	60.05
CMNet-50-LMP-B(只有生成图像)	36.95	61.24	—	48.32	39.82	37.48
MVIG(原始图像+生成图像)	63.16	91.06	—	74.53	67.28	62.43

表 6-6 显示了在 VeRi 数据集上原始图像与不同数量生成图像合并时 MVIG 的性能表现。其中，“1 个视角”表示仅使用原始的单视角图像进行训练，即不使用生成图像；“4 个视角”表示输入一张原始车辆图像，MV-GAN 生成该车辆 4 张不同视角(本节选取车辆的前面、后面、左侧和右侧 4 个视角)的图像，并将生成的 4 张车辆图像与 1 张原始图像合并，用于模型的训练；“8 个视角”为本章采用的方法，如 6.3 节所述。

表 6-6 在 VeRi 数据集上基于视角数量的消融研究

视角数目	1 个视角		4 个视角		8 个视角	
方法	mAP	Rank@1	mAP	Rank@1	mAP	Rank@1
CMNet-50-LMP-A(只有原始图像)	60.01	89.63	—	—	—	—
CMNet-50-LMP-B(只有生成图像)	—	—	34.64	58.47	36.95	61.24
MVIG(原始图像+生成图像)	—	—	61.12	88.78	63.16	91.06

从表 6-6 中发现，相对于 CMNet-50-LMP-A(mAP 为 60.01%)，当仅使用生成的图像训练模型(CMNet-50-LMP-B)时，无论生成 4 个视角的车辆图像(mAP 为 34.64%)，还是生成 8 个视角的车辆图像(mAP 为 36.95%)，模型的检索性能均明显下降；当使用原始图像与生成图像合并训练模型(MVIG)时，“4 个视角”与“8 个视角”的 mAP 分别从 60.01% 提升到 61.12% 与 63.16%，这表明使用多视角增强图像的方法是有效的，同时更多视角的增强图像可以带来更好的检索效果。

6.6 本章小结

本章进一步研究了车辆图像检索技术，针对车辆视角变化多样、特征信息不足等问题，提出了一种基于多视角图像生成的车辆图像检索方法。首先介绍了车辆图像多视角生成对抗网络，重点研究车辆视角估计方法以及生成对抗网络的模型结构；然后阐述了基于多视角图像生成的车辆图像检索方法；最后在 VeRi 数据集、VehicleID 数据集和 VRIC 数据集上，通过对比实验和消融实验，验证了本章车辆图像检索方法的有效性。

参考文献

[1] YANG L J,LUO P, LOY C C,et al. A Large-scale Car Dataset for Fine-grained Categorization and Verification[C]. Proceedings of the 2016 IEEE Conference on Computer Vision and Pattern Recognition(CVPR),2016: 3973-3981.

[2] HINTON G E, SALAKHUTDINOV R R. Reducing the Dimensionality of Data with Neural Networks[J]. Science,2006,313(5786): 504-507.

[3] GLOROT X,BORDES A, BENGIO Y. Deep Sparse Rectifier Neural Networks[J]. Journal of Machine Learning Research,2011,15: 315-323.

[4] LIAO S C,HU Y, ZHU X Y, et al. Person Re-identification by Local Maximal Occurrence Representation and Metric Learning[C]. Proceedings of the 2015 IEEE Conference on Computer Vision and Pattern Recognition(CVPR),2015: 2197-2206.

[5] ZHENG L,WANG S J, ZHOU W G,et al. Bayes Merging of Multiple Vocabularies for Scalable Image Retrieval[C]. Proceedings of the 2014 IEEE Conference on Computer Vision and Pattern Recognition(CVPR),2014: 1963-1970.

[6] ZHENG L,SHEN L Y, TIAN L, et al. Scalable Person Re-identification: A Benchmark[C]. Proceedings of the 2015 IEEE International Conference on Computer Vision(ICCV),2015: 1116-1124.

[7] XIAO T,LI H S,QUYANG W L,et al. Learning Deep Feature Representations with Domain Guided Dropout for Person Re-identification[C]. Proceedings of the 2016 IEEE Conference on Computer Vision and Pattern Recognition(CVPR),2016: 1249-1258.

[8] LIU X C,LIU W, MA H D,et al. Large-scale Vehicle Re-identification in Urban Surveillance Videos [C]. Proceedings of the 2016 IEEE International Conference on Multimedia and Expo(ICME),2016: 1-6.

[9] LIU X C,LIU W,MEI T, et al. A Deep Learning-based Approach to Progressive Vehicle Re-identification for Urban Surveillance[C]. Proceedings of the 2016 European Conference on Computer Vision(ECCV),2016: 869-884.

[10] LIU H Y,TIAN Y H, WANG Y W,et al. Deep Relative Distance Learning: Tell the Difference Between Similar Vehicles[C]. Proceedings of the 2016 IEEE Conference on Computer Vision and Pattern Recognition(CVPR),2016: 2167-2175.

[11] LIU X C,LIU W,MEI T, et al. PROVID: Progressive and Multimodal Vehicle Reidentification for

Large-scale Urban Surveillance[J]. IEEE Transactions on Multimedia, 2018, 20(3): 645-658.

[12] ZHU J Q, ZENG H Q, DU Y Z, et al. Joint Feature and Similarity Deep Learning for Vehicle Re-identification[J]. IEEE Access, 2018, 6: 43724-43731.

[13] BAI Y, LOU Y H, GAO F, et al. Group-sensitive Triplet Embedding for Vehicle Reidentification [J]. IEEE Transactions on Multimedia, 2018, 20(9): 2385-2399.

[14] ZHOUY Y, SHAO L. Viewpoint-aware Attentive Multi-view Inference for Vehicle Re-identification [C]. Proceedings of the 2018 IEEE/CVF Conference on Computer Vision and Pattern Recognition (CVPR), 2018: 6489-6498.

[15] HADSELL R, CHOPRA S, LECUN Y. Dimensionality Reduction by Learning an Invariant Mapping [C]. Proceedings of the 2016 IEEE Computer Society Conference on Computer Vision and Pattern Recognition(CVPR), 2016: 1735-1742.

第7章 CHAPTER 7 基于车牌图像超分辨率重建的车辆图像检索

本章在第5章、第6章的基础上进一步研究车辆图像检索技术。第5章研究了跨域场景下的车辆图像检索问题；第6章利用生成对抗网络生成车辆图像，获得车辆隐藏的外观信息，通过图像增强的方式提升了车辆图像检索的效果。与现有的大部分车辆图像检索方法类似，这些方法主要利用车辆的外观特征进行匹配和检索。但是，车辆的外观具有很大的相似性，例如相同品牌、型号和颜色的车辆，很难仅通过车辆的外观属性将其准确地区分。因此，在车辆图像检索任务中必须考虑车辆身份的唯一标识，即车牌信息。

7.1 引言

在城市道路监控网络中，受到摄像机的拍摄距离、拍摄角度以及光照条件的影响，车牌图像通常模糊、倾斜且不易被识别。如图7-1所示，城市监控摄像机拍摄的车牌图像，车牌在车辆上的位置清晰可见，但是车牌图像模糊不清，且部分倾斜。

为了解决车牌图像倾斜、分辨率低等问题，本章利用仿射变换和图像超分辨率重建的思想，首先将检测到的视角扭转的车牌图像转换成正常视角的车牌图像，然后将低分辨率的车牌图像恢复成高分辨率的车牌图像，最后通过车牌验证的方式将高分辨率的车牌图像用于车辆图像检索任务，实现精准的车辆图像检索。

车牌检测的方法类似于车辆检测，目前已得到广泛的应用。例如，Zhenbo Xu等(2018)提出了一种高效的车牌检测网络模型，可以预测边界框，同时快速、准确地识别相应的车牌数量。Sérgio Montazzolli等(2018)引入了一种新颖的卷积神经网络，能够在单个图像中检测和校正多个失真的车牌图像，然后利用光学字符识别(Optical Character Recognition，OCR)方法获得最终的车牌信息。同时，图像超分辨率重建技术已经获得了巨大突破。例如，基于线性网络的SRCNN、VDSR、FSRCNN、ESPCN，基于残差网络的EDSR、FormResNet、BTSRN、REDNet，基于递归网络的DRCN、DRRN、MemNet，基于渐进式重建设计的SCN、LapSRN，基于密集连接网络的SR-DenseNet、RDN、D-DBPN，基于多分支设计的CNF、CMSC、IDN，基于注意力机制的SelNet、RCAN、SRRAM，基于多重降级处理

图 7-1 城市监控摄像机拍摄的车牌图像

网络的 ZSSR、SRMD，以及基于 GAN 模型的 SRGAN、EnhanceNet、SRFeat 和 ESRGAN。在车牌图像的应用方面，Hilário Seibel 等(2017)以超分辨率(Super Resolution，SR)和自动车牌识别(Automatic License Plate Recognition，ALPR)技术为基础，设计并开发了一个新的超分辨率框架，使用修复技术填充车牌中缺失的像素，识别真实场景交通视频中低质量的车牌字符，实验表明，该框架可以增加正确识别车牌字符的数量。

因此，本章提出了一种基于车牌图像超分辨率重建的车辆图像检索(License Plate Image Super-Resolution for Vehicle Re-Identification，LPSR)方法，如图 7-2 所示。在第 5 章 TLSA 和第 6 章 MVIG 的基础上，LPSR 由三部分组成：①快速车牌检测网络(Fast License Plate Detection Network，FLPNet)；②基于车牌图像的超分辨率生成对抗网络(Super Resolution Generative Adversarial Network for License Plate Image，SRLP-GAN)；③基于车牌匹配的孪生神经网络(Siamese Neural Network for License Plate Matching，SNN-LPM)。具体地，给定一张带有车牌的查询车辆图像和一组监控摄像机采集的车辆图像数据库，首先，利用 FLPNet 在车辆图像中定位并校正车牌图像；接着，通过 SRLP-GAN 将低分辨率的车牌图像恢复成高分辨率的车牌图像；最后，采用 SNN-LPM 验证两两车牌图像是否匹配，通过余弦距离计算其相似度，按照相似程度排序，实现精确的车辆图像检索。

本章设计了三组实验：①在 BITVehicle-Plate 数据集上的车牌检测实验表明，FLPNet 可以实现实时、精准的车牌检测，并验证了连接-合并残差网络(CMRN)的有效性；②在 VeRi-Plate 数据集上通过方法对比和消融实验评估了车牌超分辨率模型(SRLP-GAN)的效果，实验表明，SRLP-GAN 可以生成清晰、自然的车牌图像；③在 VeRi 数据集与 VeRi-Plate 数据集上评估了基于车牌验证的 LPSR 车辆图像检索的效果，实验表明，使用超分辨率重建技术增强的车牌图像可以显著提高车辆图像检索的结果。

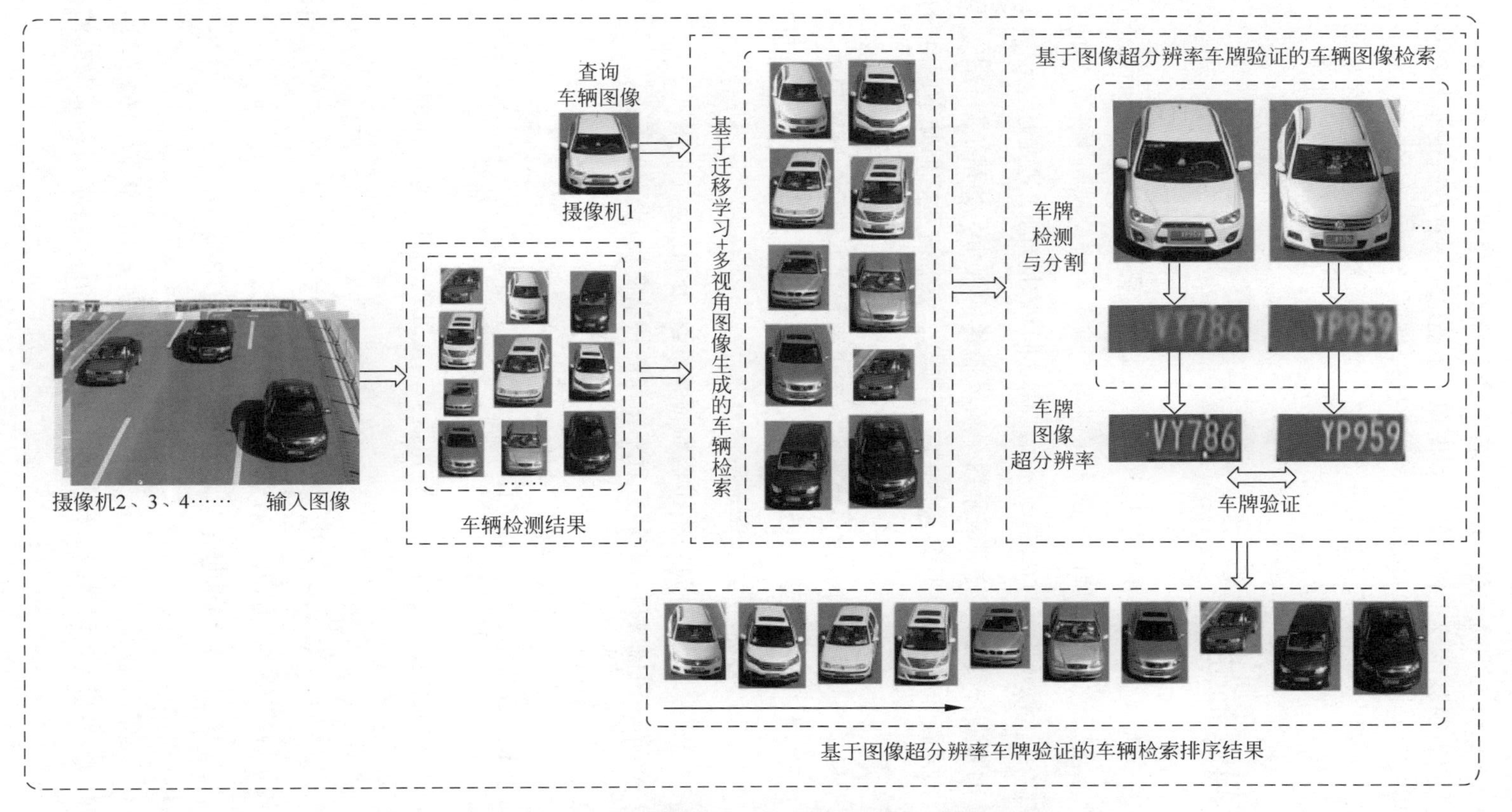

图 7-2　基于车牌图像超分辨率重建的车辆图像检索框架

综上所述，本章的主要贡献有：①基于连接-合并残差网络设计了一种快速的车牌检测网络，并利用仿射变换技术校正倾斜的车牌图像；②提出了一种改进的车牌图像超分辨率重建框架，利用残差连接-合并块设计生成对抗网络，获得了高质量的车牌图像；③为了有效利用车牌信息，提出了一种基于孪生神经网络的车牌匹配方法，实现了精确的车辆图像检索。

7.2 问题描述

根据前文中的定义，基于车牌图像超分辨率重建的车辆图像检索可以描述为：当不考虑跨域场景时，给定一张带有车牌的查询车辆图像 $I_q^{v_q}$ 和从监控视频中采集到的车辆图像数据库 $G=\{I_{g_i}^{v_g}\}_{i=i}^{N}$，以及 $I_q^{v_q}$ 与 G 中每一张图像之间相对应的二进制标签(s_{qg_i})。其中，N 为车辆图像的数量，v_q 与 v_g 分别表示两个输入图像的视角。如果 $I_q^{v_q}$ 与 $I_{g_i}^{v_g}$ 是同一身份车辆的两个不同视角的图像，那么 $s_{qg_i}=1$；否则 $s_{qg_i}=0$，表示它们是不同身份的车辆。具体步骤如下：

(1) 分别获取 $I_q^{v_q}$ 与 G 中每一张车辆图像的多个视角深度融合的特征向量，记为 $\boldsymbol{a}_q$ 和 $\boldsymbol{a}_{g_i}$，$\boldsymbol{a}_{g_i}\in\{\boldsymbol{a}_{g_i}\}_{i=1}^{N}$，利用欧氏距离计算 $\boldsymbol{a}_q$ 和 $\boldsymbol{a}_{g_i}$ 之间的相似度距离，并按照相似程度排序，获得与 $I_q^{v_q}$ 相似程度最高的20张车辆图像$\{I_{g_i}^{v_g}\}_{i=1}^{20}$。

(2) 检测 $I_q^{v_q}$ 与$\{I_{g_i}^{v_g}\}_{i=1}^{20}$ 中每一个车辆的车牌图像，分别记为 P_q 和$\{P_{g_i}\}_{i=1}^{20}$。

(3) 将每一个车牌图像映射成其超分辨率图像的特征向量，定义如下：

$$\boldsymbol{a}_q=f(G_{\mathrm{SR}}(P_q)) \tag{7-1}$$

$$\boldsymbol{a}_{g_i}=f(G_{\mathrm{SR}}(P_{g_i})) \tag{7-2}$$

其中，$G_{\mathrm{SR}}(\cdot)$表示将低分辨率的车牌图像恢复成其高分辨率的图像，$f(\cdot)$表示提取图像特征。

(4) 当车牌图像的特征确定后，采用对比损失函数处理配对车牌图像的关系，其表达式如下：

$$L=\frac{1}{2N}\sum_{i=1}^{N}[s_{qg_i}d^2+(1-s_{qg_i})\max(m-d,0)^2] \tag{7-3}$$

其中，$N\leqslant 20$ 为车牌图像的数量(存在未检测到车牌的情况)；$d=\|\boldsymbol{a}_q-\boldsymbol{a}_{g_i}\|_2$ 代表两个车牌特征向量 $\boldsymbol{a}_q$ 和 $\boldsymbol{a}_{g_i}$ 的距离度量；s_{qg_i} 为两个车牌是否匹配的标签，$s_{qg_i}=1$ 表示两个车牌相似或者匹配，$s_{qg_i}=0$ 则表示不匹配；m 为设定的阈值。

(5) 同样利用欧氏距离计算 $\boldsymbol{a}_q$ 和 $\boldsymbol{a}_{g_i}$ 之间的相似度距离，在步骤(1)的结果上按照车牌的相似程度，将步骤(1)中的结果重新排序，获得最终排序结果前20的车辆图像$\{I_{g_i}^{v_g}\}_{i=1}^{20}$。

7.3 车牌检测与偏斜校正

对于给定的查询车辆图像 I_q，利用基于多视角图像生成的车辆图像检索方法(见第 6 章)从车辆图像数据库$\{I_{g_i}\}_{i=1}^{N}$ 中搜索到相似车辆，并按照相似程度排序，如图 6-9、图 6-10 和图 6-11 所示。对于搜索到的车辆图像，定位并识别其车牌信息，通过车牌验证进一步提升车辆图像检索的精度。

7.3.1 网络结构

本节提出一个快速车牌检测网络(Fast License Plate Detection Network，FLPNet)，将查询车辆图像 I_q 与搜索结果中排序前 20 的车辆图像$\{I_{g_i}\}_{i=1}^{20}$ 输入到网络中，快速定位车牌在车辆中的位置坐标，并将偏斜扭转的车牌转换成正常视角的车牌，分别输出对应查询车辆的车牌图像 P_q 与搜索结果中排序前 20 的车辆的车牌图像$\{P_{g_i}\}_{i=1}^{20}$，以下将车牌图像统称为 P。

第 4 章提出的连接-合并残差网络结构(CMNet)在车辆检测任务上取得了显著的效果，因此，车牌检测依然使用连接-合并残差结构。由于车牌检测网络 FLPNet 的输入是第 6 章搜索到并裁剪后的车辆图像，其图像尺寸相对较小，因此将 CMNet 简化并修改，得到 FLPNet 的网络结构，如图 7-3 所示。相对于 CMNet，FLPNet 去掉了多尺度预测与特征级

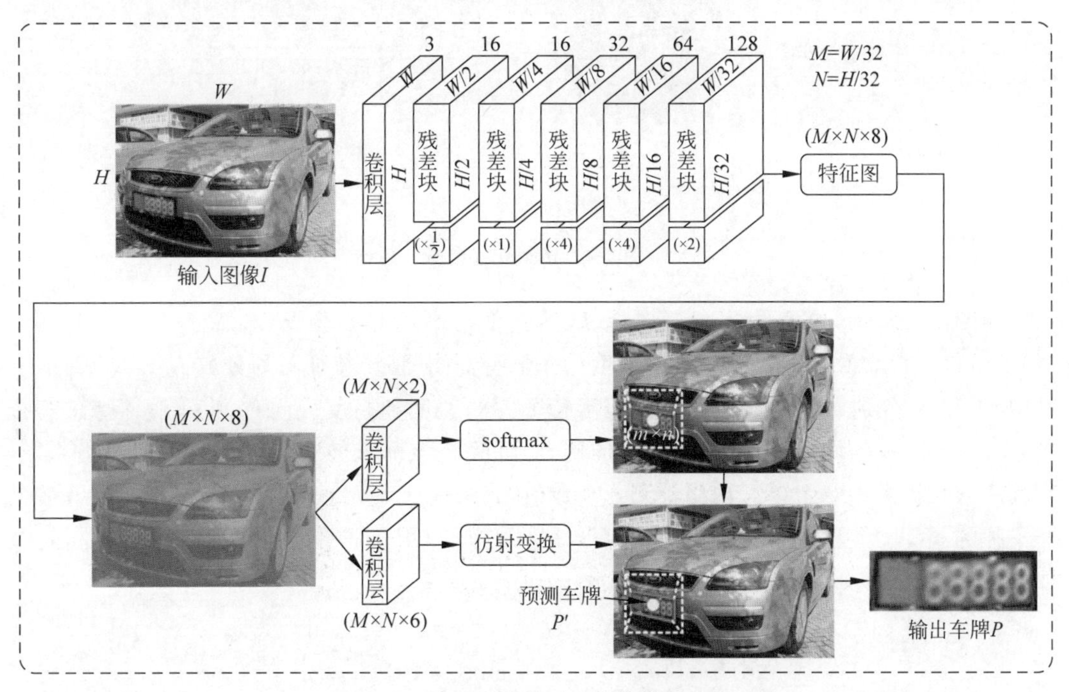

图 7-3　快速车牌检测网络的模型结构

联，同时减少了特征图的通道数。FLPNet 用于提取特征的基础网络与 CMNet 相同，输入车辆图像 I，通过一个 3×3 的卷积层与由两个卷积层组成的残差网络后，接着进入四组连接-合并残差网络，总共执行 5 次下采样，获得 8 通道的车辆特征图。获得特征图之后，FLPNet 将网络分成两部分：一部分用于计算车牌边框的置信度，另一部分用于获得仿射变换参数。受到空间转换网络的启发，围绕预测的车牌边框中心，假想一个固定大小的正方形边框。若该正方形边框内预测车牌的置信度超过给定的阈值，则相应的仿射参数将会构成一个仿射矩阵。该仿射矩阵将假想的正方形边框转换为平面的矩形边框，更紧密地包围预测车牌 P'，最后经过裁剪输出最终的车牌图像 P。

7.3.2 仿射变换

仿射变换描述二维坐标下的变换操作，主要包括：平移(translation)、旋转(rotation)、缩放(scale)、翻转(flip)、错切(shear)等，每种操作均可以表示为矩阵的形式。特别地，图像经过仿射变换后，原来的直线和平行线仍然为直线和平行线。

如图 7-4 所示，设 $\boldsymbol{p}_i=[x_i,y_i]^{\mathrm{T}}$，其中 $i=1,2,3,4$，表示网络预测车牌 P'的 4 个顶点坐标，设 $\boldsymbol{q}_1=[-0.5,-0.5]^{\mathrm{T}}$，$\boldsymbol{q}_2=[0.5,-0.5]^{\mathrm{T}}$，$\boldsymbol{q}_3=[0.5,0.5]^{\mathrm{T}}$，$\boldsymbol{q}_4=[-0.5,0.5]^{\mathrm{T}}$ 表示以假想正方形原点为中心的单位方形，分别对应预测车牌 P'的 4 个顶点。

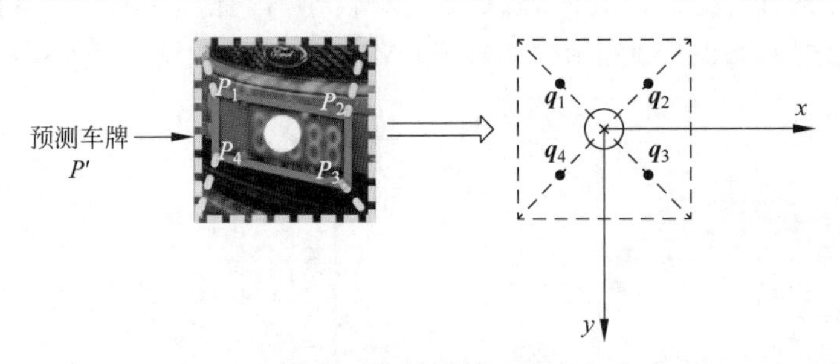

图 7-4 仿射变换参数

如图 7-3 所示，给定输入车辆图像 I，其宽度与高度分别为 W 和 H。车牌检测网络(FLPNet)执行 5 次下采样获得 8 个维度的车辆特征图，将该特征图划分成 $M\times N$ 的网格，其中 M 和 N 分别对应 W 和 H，分别表示特征图的宽度和高度。同时，将车牌区域的特征图划分成 $m\times n$ 的网格，根据这些网格的位置，计算将该区域转换成方形车牌的仿射系数。车牌区域特征图中每个单元网格预测 8 个数值，其中前 2 个数值(v_1 和 v_2)预测包含车牌与非车牌的概率，剩余 6 个数值(v_3,v_4,v_5,v_6,v_7,v_8)用于构建仿射变换参数 T_{mn}，定义如下：

$$T_{mn}(q)=\begin{bmatrix}\max(v_3,0) & v_4\\ v_5 & \max(v_6,0)\end{bmatrix}q+\begin{bmatrix}v_7\\ v_8\end{bmatrix} \tag{7-4}$$

其中，用于 v_3 和 v_6 的 max()函数用来确保对角线上的数值为正，可以避免过度的旋转或变换。为了匹配网络输出的分辨率，利用网络步长反向缩放预测车牌 P' 的 4 个顶点，并根据车牌区域特征图中的每个网格点重新定位 4 个顶点坐标 p_1, p_2, p_3, p_4，该过程通过如下归一化函数完成：

$$A_{mn}(p) = \frac{1}{\alpha}\left(\frac{1}{2^5}p - \begin{bmatrix} n \\ m \end{bmatrix}\right) \tag{7-5}$$

其中，α 表示围绕车牌假想正方形的缩放常量，本章设置 $\alpha=7.0$，这是训练图像中最大与最小车牌图像维度的均值；2^5 表示获取特征图需要执行 5 次下采样。

假设网格 (m,n) 处存在目标车牌，则仿射变换部分的损失函数定义如下：

$$f_{\text{affine}}(m,n) = \sum_{i=1}^{4} \| T_{mn}(q_i) - A_{mn}(p_i) \|_1 \tag{7-6}$$

该损失是以原点为中心的单位方形 $q_i(i=1,2,3,4)$ 与预测车牌 P' 四个顶点坐标点 $p_i(i=1,2,3,4)$ 之间的误差。

置信度部分的损失函数是网格 (m,n) 处存在目标车牌的概率，使用两个对数函数的和表示

$$f_{\text{probs}}(m,n) = \text{logloss}(\mathbb{I}_{\text{obj}}, v_1) + \text{logloss}(1 - \mathbb{I}_{\text{obj}}, v_2) \tag{7-7}$$

其中，$\mathbb{I}_{\text{obj}}$ 为车牌对象的指示函数，当网格 (m,n) 处存在目标车牌时，$\mathbb{I}_{\text{obj}}$ 的值为 1，否则为 0。因此，由仿射变换损失与置信度损失组成的最终损失函数表示如下：

$$\text{loss} = \sum_{m=1}^{M}\sum_{n=1}^{N} [\mathbb{I}_{\text{obj}} f_{\text{affine}}(m,n) + f_{\text{probs}}(m,n)] \tag{7-8}$$

7.4　车牌图像超分辨率生成对抗网络

在复杂或无约束场景下，利用车牌检测网络(FLPNet)获得的车牌图像往往分辨率较低，很难清楚地识别车牌号码。为了获得更加清楚的车牌图像，提出了一种车牌图像超分辨率生成模型，将低分辨率(Low Resolution，LR)的单幅车牌图像恢复成高分辨率(High Resolution，HR)的车牌图像，从而提高车牌识别的准确率，该生成模型称为基于车牌图像的超分辨率生成对抗网络(Super Resolution Generative Adversarial Network for License Plate Image，SRLP-GAN)。如图 7-5 所示，SRLP-GAN 由生成器网络 G 和相对均值判别器网络 D 两部分组成。输入一张低分辨率车牌图像 P^{LR}，生成器网络 G 首先提取车牌的深层特征，然后通过上采样与卷积操作生成新的超分辨率车牌图像 P^{SR}，P^{SR} 为 P^{LR} 的 4 倍超分辨率结果；相对均值判别器网络 D 基于相对生成对抗网络预测真实的高分辨率车牌图像 P^{HR} 比生成的超分辨率车牌图像 P^{SR} 更真实的概率，从而提高生成车牌图像的质量。

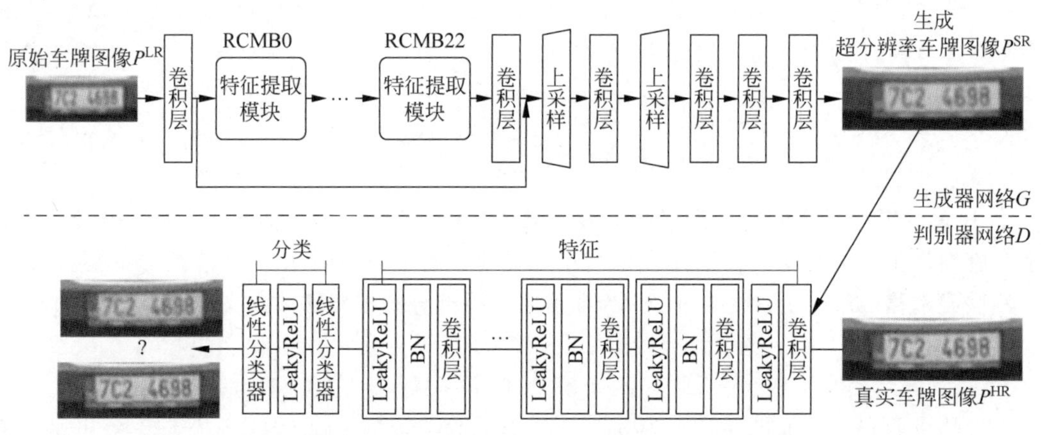

图 7-5 基于车牌图像超分辨率生成对抗网络的模型结构

7.4.1 生成器网络

车牌图像超分辨率生成器网络 G 采用编码器-解码器结构，与第 6 章车辆图像多视角生成对抗网络(MV-GAN)中的生成器网络设计思路类似。如图 7-5 所示，给定原始低分辨率车牌图像 P^{LR}，生成器网络 G 首先使用 64 个大小为 3×3、滑动步长为 1、填充边缘为 1 的卷积核过滤一个卷积层，然后进入由 23 个残差连接-合并块(Residual in Connect-and-Merge Residual Block，RCMB)组成的特征提取网络获得深层次的特征，接着同样使用 64 个大小为 3×3、滑动步长为 1、填充边缘为 1 的卷积核过滤一个卷积层，并与第一个卷积层之后的特征融合，形成 64 维融合特征向量，获得丰富的车牌信息，并输入到后续的车牌生成网络中。车牌生成网络在 64 维空间中执行 2 次 2 倍上采样，以及 4 个 3×3 卷积，其中前 3 个卷积层之后分别紧接 LeakyReLU 激活函数，最后一个卷积层输出生成的超分辨率车牌图像 P^{SR}。可以看到，生成的车牌图像 P^{SR} 将低分辨率输入车牌图像 P^{LR} 放大了 4 倍，并且具有更清晰的纹理与视觉效果。

为了提高车牌图像生成的质量，本章提出了残差连接-合并块(RCMB)作为主要的特征提取网络。由于第 4 章提出的 CMNet 网络已经证明了由连接-合并残差块(Connect and Merge Residual Block，CMB)组成的网络结构可以提取语义信息丰富的物体特征，因此采用 3 个 CMB(见图 4-4(c))级联组成的 RCMB 作为特征提取网络，如图 7-6 所示。本章提出的残差连接-合并块(RCMB)具有如下特征：

(1) RCMB 具有残差嵌套残差的网络结构。与传统的超分辨率生成对抗网络(Super Resolution Generative Adversarial Network，SRGAN)使用的基础残差块相比，RCMB 具有更深层和更复杂的结构。同时，与 RoR(Resnet of Resnet)、RiR(Resnet in Resnet)等相似的残差嵌套残差的网络结构相比，RCMB 具有更多的特征融合数目和残差分支数目，并且更易于信息的流动与训练，详细见 4.3 节。

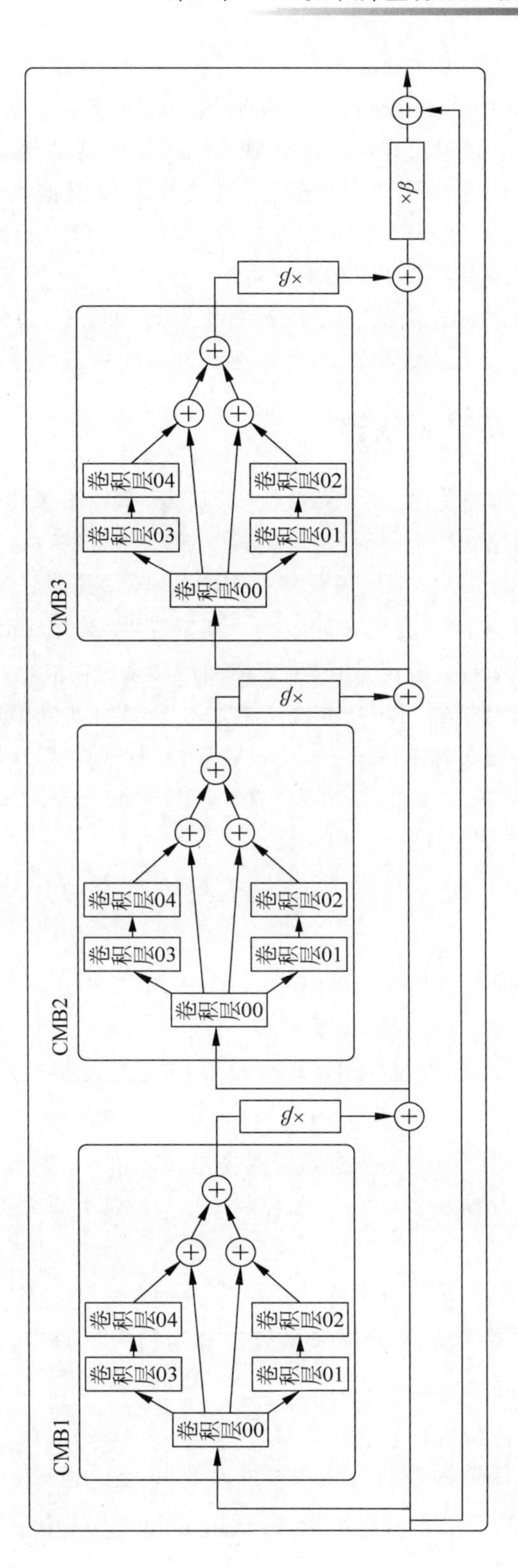

图 7-6 残差连接-合并块结构

(2) RCMB 网络结构中没有批量标准化(BN)层。增强型超分辨率生成对抗网络(Enhanced Super-Resolution Generative Adversarial Network,ESRGAN)表明当训练数据集与测试数据集的统计数据差异较大时,BN 层往往会引入不合适的伪影,从而限制网络泛化能力;而去除 BN 层则有助于增强模型的性能,并在不同峰值信噪比(Peak Signal-to-Noise Ratio,PSNR)任务(包括超分辨率任务与去模糊任务)中减小计算复杂度。因此,RCMB 相应地修改了 CMB,并去掉了所有的 BN 层。

(3) RCMB 残差网络可以进行缩放。受残差缩放思想的启发,设定了残差缩放参数 $0\leqslant\beta\leqslant1$,训练时将 RCMB 的残差乘以参数 β,可以提高网络的稳定性。

7.4.2 相对均值判别器网络

为了提升生成车牌图像的质量,受到 ESRGAN 的启发,车牌图像超分辨率判别器网络 D 基于相对均值生成对抗网络(Relativistic average GANs,RaGANs),使用相对均值判别器(Relativistic average Discriminator,RaD)代替标准的判别器,预测真实车牌图像 P^{HR} 比生成器网络 G 生成的车牌图像 P^{SR} 更真实的概率。实验表明,采用 RaD 的车牌图像超分辨率生成对抗网络(SRLP-GAN)更稳定,同时生成的图像质量更高。

如图 7-5 所示,相对均值判别器(RaD)由特征提取和分类两部分组成。给定生成的超分辨率车牌图像 P^{SR} 与真实的车牌图像 P^{HR},RaD 首先使用 64 个大小为 3×3 的卷积核过滤卷积层,然后执行 9 组相同的滤波过程(即卷积层+BN 层+LeakyReLU 激活函数),接着使用 2 组线性分类器获得判别器输出的相对概率。

7.4.3 损失函数

在车牌图像超分辨率生成对抗网络(SRLP-GAN)中,输入低分辨率车牌图像 P^{LR},由生成器网络 G 生成的超分辨率车牌图像(即假图像)记为 $P^{\mathrm{SR}}=G(P^{\mathrm{LR}})$,给定真实的高分辨率车牌图像 P^{HR},则相对均值判别器(RaD)记为 D_{Ra},其公式表示如下:

$$D_{\mathrm{Ra}}(P^{\mathrm{HR}},P^{\mathrm{SR}})=\sigma(C(P^{\mathrm{HR}})-E_{P^{\mathrm{SR}}}[C(P^{\mathrm{SR}})]) \tag{7-9}$$

其中,$\sigma(\cdot)$是 sigmoid 函数,$C(\cdot)$是非变换判别器输出,$E_{P^{\mathrm{SR}}}[\cdot]$表示在最小批处理过程中对所有生成的假数据取平均值操作。因此,车牌图像超分辨率判别器网络 D 的损失函数定义如下:

$$L_D^{\mathrm{Ra}}=-E_{P^{\mathrm{HR}}}[\log(D_{\mathrm{Ra}}(P^{\mathrm{HR}},P^{\mathrm{SR}}))]-E_{P^{\mathrm{SR}}}[\log(1-D_{\mathrm{Ra}}(P^{\mathrm{SR}},P^{\mathrm{HR}}))] \tag{7-10}$$

车牌图像超分辨率生成器网络 G 的损失函数由感知损失函数 L_{percep}、对抗损失函数 L_G^{Ra} 和内容损失函数 L_1 三部分组成,定义如下:

$$L_G=L_{\mathrm{percep}}+\lambda L_G^{\mathrm{Ra}}+\eta L_1 \tag{7-11}$$

其中,λ 和 η 是平衡不同损失函数的系数。感知损失函数 L_{percep} 用于约束深层网络的激活层之前的特征。对抗损失函数 L_G^{Ra} 是对称的形式,适用于对抗训练中生成图像与真实图像

之间的渐变过程，记为

$$L_G^{Ra} = -E_{P^{HR}}[\log(1 - D_{Ra}(P^{HR}, P^{SR}))] - E_{P^{SR}}[\log(D_{Ra}(P^{SR}, P^{HR}))] \tag{7-12}$$

内容损失函数 L_1 是评估生成的车牌图像 $G(P^{LR})$ 与真实车牌图像 P^{HR} 之间的 1-范数距离，其公式记为

$$L_1 = E_{P^{LR}} \| G(P^{LR}) - P^{HR} \|_1 \tag{7-13}$$

7.4.4 网络插值

基于生成对抗网络的方法往往会产生不同程度的噪声，影响生成图像的感知质量，因此，使用网络插值策略来改善生成图像的质量。在 SRLP-GAN 网络的训练过程中，首先训练一个面向峰值信噪比的网络 G_{PSNR}，然后微调基于对抗的网络获得 G_{GAN}。通过对这两个网络所有对应的参数进行插值，得到一个插值模型 G_{INTERP}，其参数可表示为

$$\theta_G^{INTERP} = (1-\alpha)\theta_G^{PSNR} + \alpha\theta_G^{GAN} \tag{7-14}$$

其中，θ_G^{INTERP}、θ_G^{PSNR} 和 θ_G^{GAN} 分别是 G_{INTERP}、G_{PSNR} 和 G_{GAN} 的参数，$\alpha \in [0,1]$是插值参数。

7.5 基于车牌验证的车辆图像检索

城市视频监控图像中精确的车辆图像检索包括车辆检测、迁移学习、多视角车辆图像增强、车牌检测、车牌图像超分辨率重建、车牌验证等过程。

7.5.1 孪生神经网络验证车牌

车牌图像被准确定位并通过超分辨率重建技术增强后，可以利用光学字符识别(Optical Character Recognition，OCR)的方法识别准确的车牌号码。但是，在无约束城市交通监控场景中，获取到的车牌图像尺度较小，且受到光照、遮挡、速度拖影等因素的干扰，很难准确识别车牌中的字符信息。受到大规模城市监控车辆搜索方法的启发，本节提出利用基于车牌匹配的孪生神经网络(Siamese Neural Network for License Plate Matching，SNN-LPM)来衡量两个车牌图像的相似程度，进而推断两个车辆是否为同一车辆。

如图 7-7 所示，SNN-LPM 由两个结构相同的卷积神经网络组成，这两个卷积神经网络共享权重参数。每个卷积神经网络包含 2 个卷积层+ReLU 激活函数、2 个最大池化层，以及 3 个全连接层。

具体地，给定 SRLP-GAN 生成的超分辨率查询车牌图像 P_q^{SR} 与超分辨率重建的候选车牌图像 P_g^{SR}，作为 SNN-LPM 的两个输入，经过两个卷积神经网络提取描述算子，分别得到一个输出特征向量 $G_W(P_q^{SR})$和 $G_W(P_g^{SR})$；接着构造两个特征向量的距离度量作为输入车牌图像 P_q^{SR} 和 P_g^{SR} 的相似度计算函数，表示如下：

$$E_W(P_q^{SR}, P_g^{SR}) = \| G_W(P_q^{SR}) - G_W(P_g^{SR}) \| \tag{7-15}$$

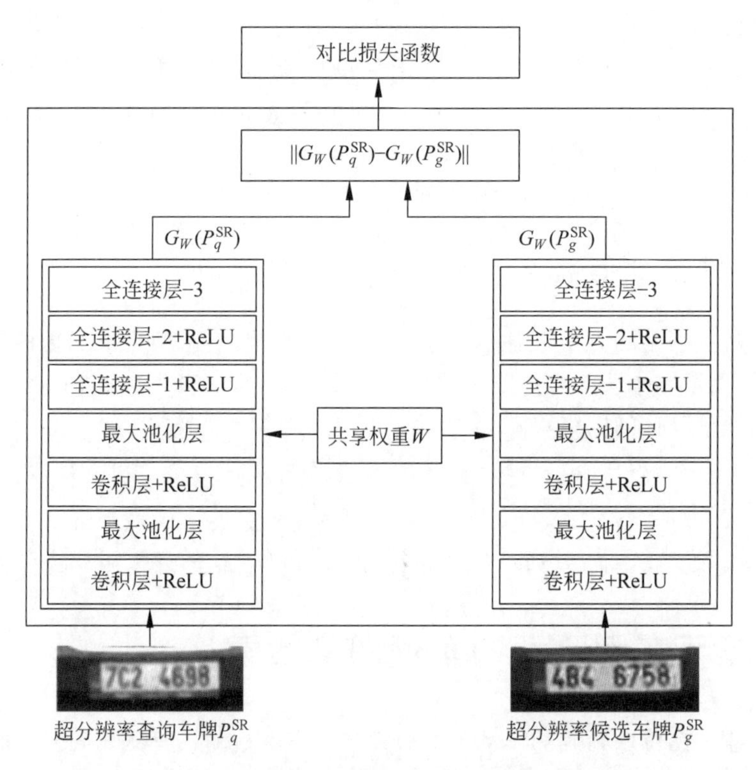

图 7-7　基于车牌匹配的孪生神经网络实现原理

其中，$G_W(P_q^{SR})$和$G_W(P_g^{SR})$分别是以P_q^{SR}和P_g^{SR}为参数的自变量网络映射函数，是用于评价是否相似的特征向量。最后，设计对比损失函数表达车牌图像对P_q^{SR}和P_g^{SR}的匹配程度，公式表示如下：

$$L(W,(P_q^{SR},P_g^{SR},Y))=(1-Y)\cdot \max(m-E_W(P_q^{SR},P_g^{SR}),0)^2+Y\cdot E_W(P_q^{SR},P_g^{SR})^2 \tag{7-16}$$

其中，Y为两个车牌图像是否匹配的标签，$Y=1$代表两个车牌图像相似或匹配，$Y=0$则表示不匹配；m为设定的阈值。

7.5.2 基于车牌验证的精确车辆图像检索

给定多个摄像机拍摄的M张城市监控图像$\{I_k\}_{k=1}^M$，基于车牌验证的精确车辆图像检索的步骤如下：

(1) 利用第4章提出的快速车辆检测方法CMNet获得准确的车辆图像$\{I_{g_i}\}_{i=1}^N$，并以此作为车辆图像数据库。

(2) 给定查询车辆图像I_q，利用第5章提出的车辆迁移生成对抗网络(VTGAN)将查询车辆I_q的图像转换成与车辆图像数据库$\{I_{g_i}\}_{i=1}^N$中图像相同的风格。

(3) 采用第6章提出的多视角生成对抗网络(MV-GAN)对查询车辆图像 I_q 与车辆图像数据库图像 $\{I_{g_i}\}_{i=1}^{N}$ 进行增强，对每一张车辆图像生成其多个视角的新图像，对于 I_q 与 $\{I_{g_i}\}_{i=1}^{N}$ 分别获得其多视角融合的特征向量 $\{f_{I_q}, f_{\{\hat{I}_q, V_j\}_{j=1}^{8}}\}$ 与 $\{f_{\{I_{g_i}\}_{i=1}^{N}}, f_{\{\{\hat{I}_{g_i}\}_{i=1}^{N}, V_j\}_{j=1}^{8}}\}$；使用欧氏距离计算 I_q 与 $\{I_{g_i}\}_{i=1}^{N}$ 中两两车辆图像的融合特征向量之间的相似度距离，记为 $\mathrm{dist}_v(I_q, \{I_{g_i}\}_{i=1}^{N})$，按照相似程度排序，获得与 I_q 相似程度最高的20张车辆图像 $\{I_{g_i}\}_{i=1}^{20}$。

(4) 采用7.3节提出的快速车牌检测网络(FLPNet)定位并校正车辆图像 I_q 与 $\{I_{g_i}\}_{i=1}^{20}$ 中的车牌图像，如果检测到车牌存在，则记为 P_q 与 $\{P_{g_i}\}_{i=1}^{20}$。

(5) 使用7.4节提出的车牌图像超分辨率生成对抗网络(SRLP-GAN)将检测到的低分辨率车牌图像恢复成高分辨率车牌图像，记为 P_q^{SR} 与 $\{P_{g_i}^{\mathrm{SR}}\}_{i=1}^{20}$。

(6) 使用7.5.1节提出的孪生神经网络(SNN-LPM)验证 P_q^{SR} 与 $\{P_{g_i}^{\mathrm{SR}}\}_{i=1}^{20}$ 中两两车牌图像是否匹配，通过余弦距离计算其相似度距离，记为 $\mathrm{dist}_p(P_q^{\mathrm{SR}}, \{P_{g_i}^{\mathrm{SR}}\}_{i=1}^{20})$。

本章将车辆图像生成与车牌图像超分辨率重建相结合，使用距离融合的方式计算 I_q 与 $\{I_{g_i}\}_{i=1}^{N}$ 中两两车辆图像的相似度距离，将利用欧氏距离获得的20张车辆图像重新排序，获得更准确的车辆图像检索结果，融合相似度距离记为 $\mathrm{dist}(q,g)$，表示如下：

$$\mathrm{dist}(q,g) = \alpha \times \mathrm{dist}_v(I_q, \{I_{g_i}\}_{i=1}^{20}) + (1-\alpha) \times \mathrm{dist}_p(P_q^{\mathrm{SR}}, \{P_{g_i}^{\mathrm{SR}}\}_{i=1}^{20}) \tag{7-17}$$

其中，$\alpha \in [0,1]$ 为两个相似度距离的平衡系数。

7.6 实验结果与分析

首先评估快速车牌检测网络(FLPNet)检测与分割车牌的效果，然后探索车牌图像超分辨率生成对抗网络(SRLP-GAN)的性能，最后评估基于车牌图像超分辨率重建的车辆图像检索方法(LPSR)的效果。实验基于Darknet(FLPNet部分)和PyTorch(SRLP-GAN和LPSR部分)网络框架实现，并在配置有Intel Core i7-7700K CPU和NVIDIA GTX 1080Ti GPU的PC上运行。

7.6.1 数据集

本章使用3个数据集(BITVehicle-Plate数据集、VeRi-Plate数据集、VeRi数据集)进行3组实验(车牌检测、车牌图像超分辨率重建、车辆图像检索)。其中，BITVehicle-Plate数据集用于车牌检测实验，VeRi-Plate数据集用于车牌超分辨率重建实验，VeRi数据集与VeRi-Plate数据集结合用于车辆图像检索实验。各数据集介绍如下：

1. BITVehicle-Plate数据集

BITVehicle数据集由两台摄像机在不同的时间和位置拍摄，包括分辨率为1600×1200

和 1920×1080 的图像。该数据集包含 9850 张车辆图像,具有不同程度的光照条件、车辆尺寸、颜色和视角。由于拍摄延迟与车辆尺寸,一些车辆的顶部或底部部分不包括在图像中。数据集中的车辆分为六种类型：Bus、Microbus、Minivan、Sedan、SUV 和 Truck,每种类型的车辆分别有 558、883、476、5922、1392 和 822 辆。

BITVehicle 数据集是车辆检测与车型识别数据集,具有车辆的坐标和类型标签。同时,BITVehicle 数据集中的车辆具有清晰的车牌图像,因此,本章为每个车辆标注了车牌坐标,包括具有完整车牌与截断车牌的车辆图像,共计标注 9850 张图像、10053 个车牌,形成了 BITVehicle-Plate 数据集,如图 7-8 所示。将标注的 9850 张图像应用于车牌图像检测,其中 5000 张图像用于训练,4850 张图像用于测试。

(a) 分辨率：1600×1200　　(b) 分辨率：1920×1080

图 7-8　BITVehicle-Plate 数据集中的车辆及车牌图像样本

2. VeRi-Plate 数据集

VeRi-Plate 数据集是从 VeRi 车辆数据集中挑选出包含车牌的图像,手工截取并标注的车牌图像,该数据集由北京邮电大学收集并标注。VeRi-Plate 数据集中每个车牌图像的文件名与 VeRi 数据集中相应车辆图像的文件名相同。

VeRi-Plate 数据集包含 746 个不同身份车辆的 24349 张车牌图像,图像分辨率为 60×20。实验中,选取 594 个车辆的 19507 张车牌图像用于训练,其余 152 个车辆的 4842 张车牌图像用于测试,同时从测试集中随机选取 999 张车牌图像作为待查询图像。VeRi-Plate

数据集具有不同光照条件与模糊程度的车牌图像，如图 7-9 所示。

图 7-9 VeRi-Plate 数据集中的车牌图像样本

3. VeRi 数据集

VeRi 数据集的详细介绍参见 5.5.1 节。

7.6.2 评价指标与实验设置

1. 评价指标

本章对 3 组实验(车牌检测、车牌图像超分辨率重建、车辆图像检索)分别使用不同的评价指标。车牌检测任务类似于车辆检测，分别使用 mAP 和 FPS 这两项指标评价检测模型的性能，其中评价指标的详细定义参见 4.4.2 节。车辆图像检索任务采用 Rank@1、Rank@5、Rank@20 精度以及 mAP 进行评价，其中评价指标的详细定义参见 5.5.2 节。车辆图像超分辨率重建任务使用峰值信噪比(Peak Signal to Noise Ratio，PSNR)和结构相似性(Structural Similarity，SSIM)这两项指标进行评价，其中评价指标的详细定义如下：

峰值信噪比(PSNR)是基于误差敏感的图像质量评价指标，单位为 dB，数值越大表示图像失真越小。PSNR 的数学表达式如下：

$$\mathrm{PSNR}=10\log_{10}\left(\frac{(2^n-1)^2}{\mathrm{MSE}}\right) \tag{7-18}$$

其中，n 为图像每像素的比特数；MSE 为原始车牌图像和对比车牌图像的均方误差，可表示为

$$\mathrm{MSE}=\frac{1}{H\times W}\sum_{i=1}^{H}\sum_{j=1}^{W}(X(i,j)-Y(i,j))^2 \tag{7-19}$$

其中，X 和 Y 分别表示原始车牌图像和对比车牌图像；H 和 W 分别表示车牌图像的高度和宽度。

结构相似性(SSIM)分别从亮度(luminance)、对比度(contrast)和结构(structure)三方面评估车牌图像的相似性。亮度、对比度和结构的数学表达式如下：

$$l(X,Y)=\frac{2\mu_X\mu_Y+C_1}{{\mu_X}^2+{\mu_Y}^2+C_1} \tag{7-20}$$

$$c(X,Y)=\frac{2\sigma_X\sigma_Y+C_2}{{\sigma_X}^2+{\sigma_Y}^2+C_2} \tag{7-21}$$

$$s(X,Y)=\frac{\sigma_{XY}+C_3}{\sigma_X\sigma_Y+C_3} \tag{7-22}$$

其中,$C_1=(k_1L)^2$,$C_2=(k_2L)^2$ 为两个常数,L 为像素值的范围,$C_3=C_2/2$,一般地,$k_1=0.01$,$k_2=0.03$;μ_X 和 μ_Y 分别表示车牌图像 X 和 Y 的均值;σ_X 和 σ_Y 分别表示车牌图像 X 和 Y 的方差;σ_{XY} 表示车牌图像 X 和 Y 的协方差。即

$$\mu_X=\frac{1}{H\times W}\sum_{i=1}^{H}\sum_{j=1}^{W}X(i,j) \tag{7-23}$$

$${\sigma_X}^2=\frac{1}{H\times W-1}\sum_{i=1}^{H}\sum_{j=1}^{W}(X(i,j)-\mu_X)^2 \tag{7-24}$$

$$\sigma_{XY}=\frac{1}{H\times W-1}\sum_{i=1}^{H}\sum_{j=1}^{W}((X(i,j)-\mu_X)(Y(i,j)-\mu_Y)) \tag{7-25}$$

那么,结构相似性(SSIM)可表示为

$$\mathrm{SSIM}(X,Y)=[l(X,Y)^{\alpha}\cdot c(X,Y)^{\beta}\cdot s(X,Y)^{\gamma}] \tag{7-26}$$

将 α,β,γ 设为 1,可以得到

$$\mathrm{SSIM}(X,Y)=\frac{(2\mu_X\mu_Y+C_1)(2\sigma_{XY}+C_2)}{({\mu_X}^2+{\mu_Y}^2+C_1)({\sigma_X}^2+{\sigma_Y}^2+C_2)} \tag{7-27}$$

SSIM 取值范围为[0,1],值越大表示图像失真越小。

2. 实验设置

车牌检测网络(FLPNet)的训练过程与第 4 章车辆检测网络(CMNet)类似,利用随机梯度下降算法(SGD)端到端地进行训练,整个网络迭代 50000 次,batch_size 设置为 64,并分为 16 组,动量(momentum)和权重衰减(decay)分别设置为 0.9 和 0.0005,初始学习率(learning_rate)设为 10^{-3},并依次降低为 10^{-4} 和 10^{-5},对应于三个阶段的学习率,网络分别迭代 25000 次、15000 次与 10000 次。

车牌图像超分辨率生成对抗网络(SRLP-GAN)的训练在低分辨率(LR)与高分辨率(HR)图像之间以×4 的比例因子进行,使用 MATLAB 的双三次核函数对 HR 训练图像进行下采样获得 LR 图像。SRLP-GAN 的完整训练过程分为两个阶段:第一阶段,训练一个具有 L1 损失的面向 PSNR 的模型,学习率初始化为 0.0002,每 50000 个 mini_batch 衰减 2 倍。第二阶段,使用经过训练的面向 PSNR 的模型初始化 SRLP-GAN 的生成器网络。利用式(7-11)中的损失函数训练网络,其中 $\lambda=0.005$、$\eta=0.01$,学习率初始化为 0.0001,并分别在迭代 50000、100000、200000 和 300000 次时减半。

车辆图像检索模型 LPSR 训练参数的设置与 5.5.2 节中 TLSA 的设置相同。

图 7-10 显示了 LPSR 在 VeRi 数据集上训练的 Loss 曲线和 Top1 错误率曲线,可以看到两条曲线都平稳地收敛于某一极值。

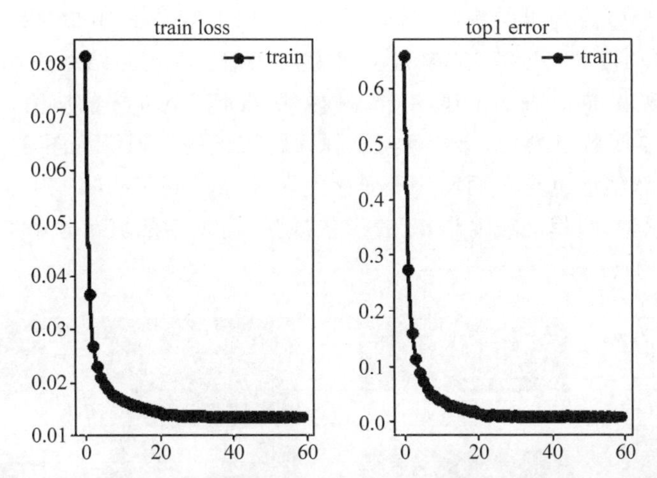

图 7-10　LPSR 在 VeRi 数据集上训练的 Loss 曲线和 Top1 错误率曲线

7.6.3　车牌检测方法评估

VeRi 数据集与 VehicleID 数据集中车辆的车牌区域均被黑色矩形框遮挡，车牌区域的颜色及其边界与正常的车牌不相符，因此不能用于车牌检测任务。VRIC 数据集中的车牌区域虽然没有被遮挡，但是由于 VRIC 图像分辨率较低，车牌区域过度模糊，很难分辨，同样不适用于车牌检测任务。BITVehicle 数据集是在实际场景中拍摄的，车辆图像具有不同程度的光照条件、尺寸、颜色与视角，并且大部分车辆的车牌图像都是可见的，但是该数据集没有标注车牌信息，因此，本章为该数据集中的每一个车辆图像标注了车牌坐标，形成了 BITVehicle-Plate 数据集，并用于本章的车牌检测任务。

假设 BITVehicle-Plate 数据集中的车辆图像已经由第 4 章提出的 CMNet 模型检测并裁剪，得到用于检索任务的车辆图像，如图 7-11 所示。图 7-11(a)为 CMNet 检测车辆的结果示例，将检测到的车辆图像从原图中分割，得到如图 7-11(b)所示的全尺寸车辆图像。

(a) 车辆检测　　(b) 车辆图像分割

图 7-11　CMNet 在 BITVehicle 数据集上检测车辆的结果与图像分割

通过实验得到,本章提出的快速车牌检测网络(FLPNet)在BITVehicle-Plate数据集上检测车牌的mAP精度为96.27%,检测速度为49.73f/s。实验结果表明,FLPNet取得了高效的车牌检测效果,同时表明了连接-合并残差块在FLPNet中的应用是有效的。

图7-12显示了车牌检测、图像分割与车牌倾斜校正的过程。从图7-12中可以看到,虽然存在光照条件、车辆颜色与车辆尺寸等变化因素,但是BITVehicle-Plate数据集中的车辆大部分都是正面图像,车牌区域清晰,车牌形状规整,与复杂的城市道路监控图像仍存在一定的差距。

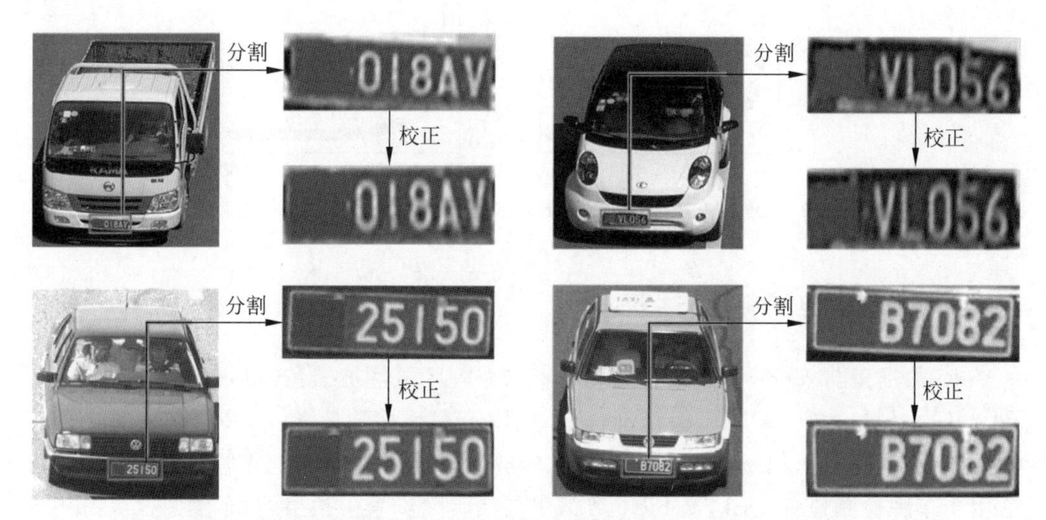

图7-12　FLPNet在BITVehicle-Plate数据集上检测车牌与仿射变换结果的示例

BITVehicle-Plate数据集仅在本节中用于车牌检测,本章后续章节用于车辆图像检索任务的车牌图像来自VeRi-Plate数据集,如图7-9所示,假设该数据集为执行仿射变换后的车牌图像。

7.6.4 车牌图像超分辨率重建方法评估

本节在VeRi-Plate数据集上评估SRLP-GAN方法恢复高分辨率车牌图像的效果,并进行消融实验,研究模型中关键组成部分的作用。

1. 方法对比

表7-1将SRLP-GAN方法与目前最先进的面向峰值信噪比的方法(SRCNN、EDSR)和基于感知驱动的方法(SRGAN、ESRGAN)进行了比较,其中Bicubic为原始车牌图像进行双三次插值后的结果。从表7-1中可以看到,相对于感知驱动的方法,面向峰值信噪比的方法均获得了较好的结果,其中,EDSR获得了最高的PSNR和SSIM,而SRLP-GAN的PSNR和SSIM则相对较低。

表 7-1　不同方法在 VeRi-Plate 数据集上的性能比较

评价指标	Bicubic	SRCNN	EDSR	SRGAN	ESRGAN	SRLP-GAN
PSNR(dB)	25.07	28.53	30.75	27.83	27.21	26.97
SSIM	0.8324	0.8724	0.8979	0.8613	0.8636	0.8603

图 7-13 显示了以上方法在 VeRi-Plate 数据集上重建车牌图像的实际效果，可以看到，SRLP-GAN 在锐度和细节方面都优于参与对比的其他方法。SRCNN 和 EDSR 方法重建的车牌图像较模糊，纹理不自然且包含不同程度的噪声，这是因为面向峰值信噪比的方法往往会产生过度平滑的结果，从而导致没有足够的纹理细节。SRGAN 和 ESRGAN 方法生成的车牌图像较清晰，更自然，这是因为引入感知损失提升了图像的视觉质量，但是这些方法产生的图像仍然存在一定程度的伪影。SRLP-GAN 在图像重建的过程中能够恢复详细的纹理结构，并产生更自然的图像效果，为后续基于车牌验证的车辆图像检索任务提供基础保障。

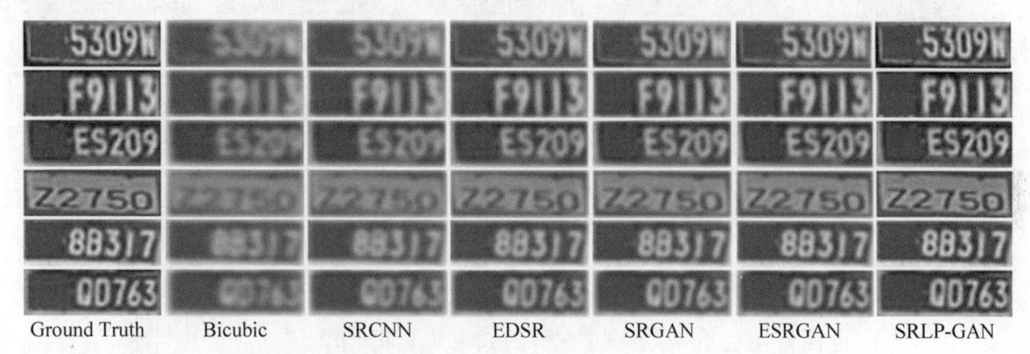

图 7-13　SRLP-GAN 在 VeRi-Plate 数据集上的定性结果

2. 消融实验

为了研究超分辨率模型 SRLP-GAN 重建车牌图像的性能，本节以基于感知的方法 SRGAN 为基准，进行多组消融实验，深入分析不同组成部分在 SRLP-GAN 中的效果。

图 7-14 显示了 SRLP-GAN 中不同组成部分对模型总体视觉效果的影响。图 7-14 中每一列代表一个模型，具体配置位于该列顶部，带方框的位置表示该模型与之前模型相比的主要改进点，其中第 2 列为基准 SRGAN 模型。具体分析如下：

(1) 在 SRGAN 模型中去掉所有的批量标准化(BN)层。从图 7-14 中的第 2 列和第 3 列可以发现，这样的改进不但不会降低图像重建的性能，反而会改善重建图像的质量，如车牌号为 Z5562 的黄色车牌，其纹理更加清晰。这说明去掉 BN 层，模型可以获得更加稳定且一致的性能。

(2) 使用相对均值判别器(RaD)。在图 7-14 的第 4 列中，生成的图像比第 3 列的图像更清晰，纹理更丰富。这说明 RaD 有助于模型学习到更清晰的边缘和更细致的纹理。

(3) 使用 RCMB 组成的残差网络提取车牌特征。具有 RCMB 的深度网络模型可以进

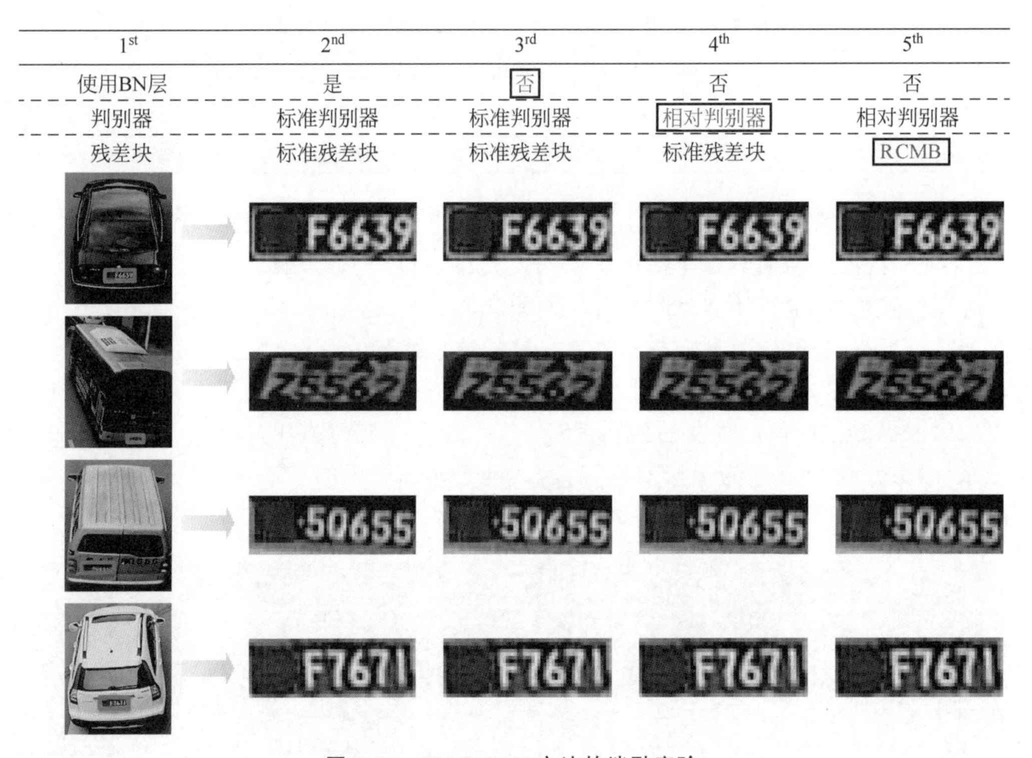

图 7-14 SRLP-GAN 方法的消融实验

一步改善图像恢复的纹理，提高图像的亮度，如图 7-14 中的第 5 列所示，车牌图像更加清晰、明亮，这是因为该特征提取网络可以获得图像更丰富的语义信息。

综上所述，由于采用了相对均值判别器(RaD)和去掉 BN 层的 RCMB，SRLP-GAN 在车牌图像超分辨率重建任务中表现出了优越的性能。

为了研究网络插值策略在车牌图像重建中的作用，本节在模型 SRLP-GAN 中设置了不同的插值参数，并进行了实验。图 7-15 展示了网络插值参数对 SRLP-GAN 性能的影响，

α=1　α=0.8　α=0.6　α=0.4　α=0.2　α=0

基于感知驱动　面向峰值信噪比

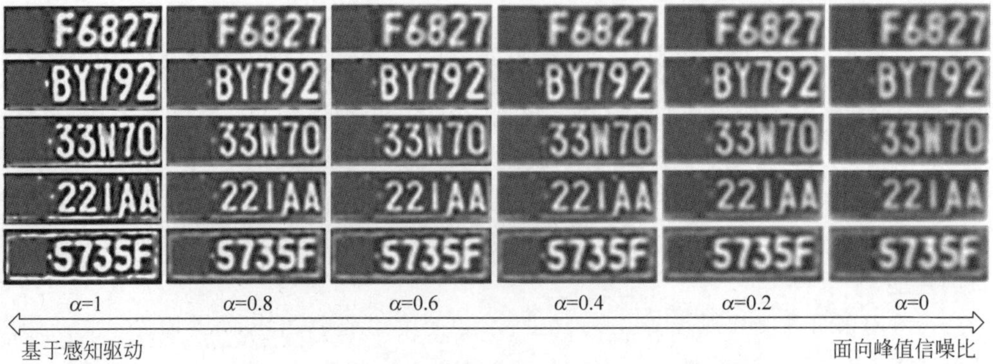

图 7-15 网络插值参数对 SRLP-GAN 性能的影响

其中，插值参数 α 的范围为 0～1，间隔为 0.2。当 $\alpha \to 0$ 时，模型面向峰值信噪比；当 $\alpha \to 1$ 时，模型面向感知驱动。从图中可以看到，基于完全感知驱动的方法产生锐利的边缘和更丰富的纹理，但是仍存在一定程度的伪影，而完全面向峰值信噪比的方法输出过度平滑的模糊图像。因此，选取合适的插值参数可以有效地平衡图像的感知质量和清晰度。

7.6.5 车辆图像检索方法对比

为了评估基于车牌图像验证的精确车辆图像检索的效果，将本章提出的 LPSR 方法与本文使用的基准方法(Baseline)、第 5 章提出的 TLSA 方法、第 6 章提出的 MVIG 方法以及目前最先进的行人图像检索和车辆图像检索方法进行比较。

表 7-2 显示了 LPSR 方法在 VeRi 数据集上与其他方法的对比情况。LPSR 为本书中的 Baseline 与 7.5.1 节提出的 SNN-LPM 相结合的方法，其中 SNN-LPM 的数据来源为 7.4 节 SRLP-GAN 生成的高分辨率车牌图像。从表中可以看到，LPSR 获得了 67.72% 的 mAP，同时 Rank@1、Rank@5 和 Rank@20 精度分别为 92.48%、97.47% 和 98.20%。具体分析如下：

表 7-2 LPSR 与经典的车辆图像检索方法在 VeRi 数据集上的结果比较(%)

方　法	mAP	Rank@1	Rank@5	Rank@20
BOW-SIFT	1.51	1.91	4.53	—
LOMO	9.03	23.89	40.32	58.61
BOW-CN	12.20	33.91	53.69	—
DGD	17.92	50.70	67.52	79.93
FACT	18.54	52.35	67.16	79.97
XVGAN	24.65	60.20	77.03	88.14
ABLN-Ft-16	24.92	60.49	77.33	88.27
SCCN-Ft+CLBL-8-Ft	25.12	60.83	78.55	89.79
FACT+Plate-SNN+STR	27.77	61.44	78.78	—
NuFACT	48.47	76.76	91.42	—
VAMI	50.13	77.03	90.82	97.16
PROVID	53.42	81.56	95.11	—
JFSDL	53.53	82.90	91.60	—
Siamese-CNN+Path-LSTM	58.27	83.49	90.04	—
GSTE loss W/mean VGGM	59.47	96.24	98.97	—
VAMI+STR	61.32	85.92	91.84	97.70
Baseline	60.01	89.63	95.47	96.84
TLSA	23.75	44.26	52.60	75.86
MVIG	63.16	91.06	95.77	98.57
Baseline+SR-Plate(LPSR)	67.72	92.48	97.47	98.20

(1) 与 Baseline 相比，LPSR 的性能有显著的提升，在 mAP、Rank@1、Rank@5 和

Rank@20 精度方面分别提升了 7.71%、2.85%、2.00%和 1.36%，表明超分辨率车牌验证方法在车辆图像检索任务中是有效的。

(2) 与 MVIG 相比，LPSR 的 mAP 精度提升了 4.56%，表明在车辆图像检索任务中，使用超分辨率车牌验证的方法比多视角图像增强的方法更有效。同时，LPSR 与 TLSA 相比，充分表明了场景的优势。

(3) 与其他方法相比，在 mAP 精度方面，LPSR 均获得了最佳效果，进一步表明了 LPSR 模型在车辆图像检索任务中的鲁棒性。

如第 5 章表 5-3 所示，在目标域 VeRi 数据集上测试迁移学习模型的效果时，需要在源域数据集上训练模型，而本书除了 VeRi 数据集之外，在其他源域数据集上没有可用的车牌图像。因此，本章只提供跨域场景下利用车牌图像超分辨率重建实现车辆图像检索的思路，暂时不进行实验验证。

图 7-16 展示了 LPSR 方法在 VeRi 数据集上的车辆图像检索结果。与图 5-14 中 TLSA 方法和图 6-9 中 MVIG 方法的结果相比，LPSR 可以检索到更多正确的车辆，并且正确结果的排序更加靠前，进一步说明了 LPSR 方法的有效性。同时，LPSR 方法的结果中仍然有一些错误的检索结果，这是因为在 VeRi-Plate 数据集中，有的车辆没有车牌图像或者车牌图像过于模糊，所以即使恢复成高分辨率的图像仍然不能被准确识别。

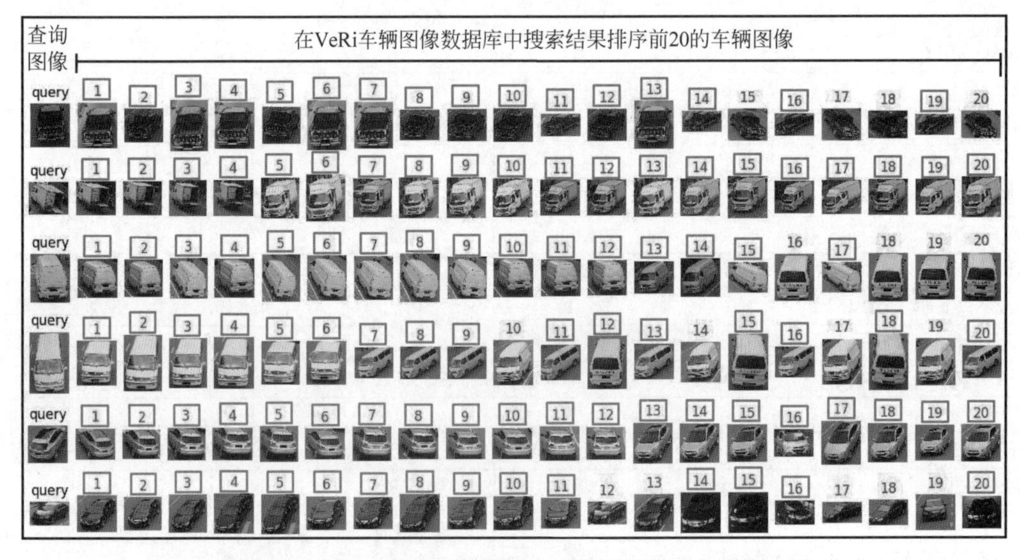

图 7-16 LPSR 在 VeRi 数据集上的车辆图像检索结果示例

7.6.6 车辆图像检索消融实验

本章将 Baseline 模型与超分辨率车牌验证相结合，大幅度提高了车辆图像检索的效果。本节在不考虑场景变化的情况下，将 LPSR 模型分解，从多个角度评估车牌图像超分辨率重建对 LPSR 方法最终性能的影响。

表 7-3 显示了在 VeRi 数据集上 LPSR 模型的消融研究结果，表中，Baseline＋Plate 和 MVIG＋Plate 分别表示 Baseline 模型和 MVIG 模型与车牌验证相结合，其中车牌图像为原始图像；Baseline＋SR-Plate 和 MVIG＋SR-Plate 分别表示 Baseline 模型和 MVIG 模型与增强的车牌验证相结合，其中车牌图像为利用超分辨率重建方法恢复得到的高分辨率图像。具体分析如下：

表 7-3　在 VeRi 数据集上 LPSR 模型的消融研究

序　号	方　　法	mAP	Rank@1	Rank@5	Rank@20
1	Baseline	60.01	89.63	95.47	96.84
2	MVIG	63.16	91.06	95.77	98.57
3	Baseline＋Plate	64.59	91.34	96.87	98.06
4	MVIG＋Plate	66.38	92.53	97.22	98.86
5	Baseline＋SR(SRLP-GAN)-Plate (LPSR)	67.72	92.48	97.47	98.20
6	MVIG＋SR(SRLP-GAN)-Plate	69.68	93.37	98.83	99.39
7	MVIG＋SR(SRCNN)-Plate	66.87	92.73	97.54	98.90
8	MVIG＋SR(EDSR)-Plate	68.12	92.95	98.33	99.21
9	MVIG＋SR(SRGAN)-Plate	68.88	93.03	98.23	99.13
10	MVIG＋SR(ESRGAN)-Plate	69.03	93.22	98.49	99.28

1）只增加车牌验证

表 7-3 中的第 3 行与第 1 行对比，Baseline＋Plate 的 mAP 比 Baseline 高 4.58%；第 4 行与第 2 行对比，MVIG＋Plate 的 mAP 比 MVIG 高 3.22%。表明在车辆图像检索任务中，单纯地增加车牌验证方法可以提升模型检索车辆的精度，同时表明增加车牌验证是有效的。

2）车牌图像超分辨率重建与车牌验证相结合

表 7-3 中的第 5 行与第 1 行对比，Baseline＋SR(SRLP-GAN)-Plate 的 mAP 比 Baseline 高 7.71%；第 6 行与第 2 行对比，MVIG＋SR(SRLP-GAN)-Plate 的 mAP 比 MVIG 高 6.52%。表明在车辆图像检索任务中，将经过超分辨率重建技术恢复的图像用于车牌验证，同样可以提升模型检索车辆的精度。

3）车牌图像超分辨率的效果

表 7-3 中的第 5 行与第 3 行对比，Baseline＋SR(SRLP-GAN)-Plate 的 mAP 比 Baseline＋Plate 高 3.13%；第 6 行与第 4 行对比，MVIG＋SR(SRLP-GAN)-Plate 的 mAP 比 MVIG＋Plate 高 3.30%。表明在车辆图像检索任务中，使用 SRLP-GAN 模型重建的高分辨率车牌图像有助于提升车辆检索的精度。

4）车牌验证与多视角图像生成的对比

表 7-3 中的第 2 行与第 1 行对比，MVIG 的 mAP 比 Baseline 高 3.15%；第 3 行与第 1 行对比，Baseline＋Plate 的 mAP 比 Baseline 高 4.58%；第 5 行与第 1 行对比，Baseline＋

SR(SRLP-GAN)-Plate 的 mAP 比 Baseline 高 7.71%。表明在车辆图像检索任务中，增加车牌验证的结果优于增加多视角图像增强的结果，同时通过超分辨率重建的方法增强车牌图像的结果更好。

5）多视角图像生成与车牌图像超分辨率重建相结合

表 7-3 中的第 6 行与第 5 行对比，MVIG+SR(SRLP-GAN)-Plate 的 mAP 比 Baseline+SR(SRLP-GAN)-Plate(LPSR)高 1.96%。表明在车辆图像检索任务中，多视角图像生成和超分辨率重建增强车牌图像相结合的方法，可以进一步提升车辆检索的精度。

6）不同超分辨率重建方法的效果

表 7-3 中的第 7、8、9、10 行分别与第 6 行对比，MVIG+SR(SRLP-GAN)-Plate 获得了最高的 mAP。表明在车辆图像检索任务中，基于 SRLP-GAN 重建的车牌图像比基于其他超分辨率方法(如 SRCNN、EDSR、SRGAN、ESRGAN)重建的车牌图像可以获得更好的车辆检索精度。

7.7 本章小结

本章基于车牌图像研究车辆图像检索技术，针对车牌图像倾斜、分辨率低等问题，提出了一种基于车牌图像超分辨率重建的车辆图像检索方法。首先介绍了车牌图像检测与偏斜校正方法；然后研究了车牌图像超分辨率生成对抗网络；接着阐述了基于车牌图像超分辨率重建的车辆图像检索方法；最后在 BITVehicle-Plate 数据集上验证了车牌检测模型的性能，在 VeRi-Plate 数据集上验证了车牌超分辨率重建模型的有效性，在 VeRi 数据集与 VeRi-Plate 数据集上验证了本章车辆图像检索方法的优越性。

参考文献

[1] LIU X C, LIU W, MA H D, et al. Large-scale Vehicle Re-identification in Urban Surveillance Videos [C]. Proceedings of the 2016 IEEE International Conference on Multimedia and Expo(ICME), 2016: 1-6.

[2] LIU H Y, TIAN Y H, WANG Y W, et al. Deep Relative Distance Learning: Tell the Difference Between Similar Vehicles[C]. Proceedings of the 2016 IEEE Conference on Computer Vision and Pattern Recognition(CVPR), 2016: 2167-2175.

[3] LIU X C, LIU W, MEI T, et al. PROVID: Progressive and Multimodal Vehicle Reidentification for Large-scale Urban Surveillance[J]. IEEE Transactions on Multimedia, 2018, 20(3): 645-658.

[4] WANG Z D, TANG L, LIU X H, et al. Orientation Invariant Feature Embedding and Spatial Temporal Regularization for Vehicle Re-identification[C]. Proceedings of the 2017 IEEE International Conference on Computer Vision(ICCV), 2017: 379-387.

[5] XU Z B, YANG W, MENG A, et al. Towards End-to-End License Plate Detection and Recognition: A Large Dataset and Baseline[C]. Proceedings of the 2018 European Conference on Computer Vision

(ECCV),2018: 261-277.

[6] MONTAZZOLLI S, JUN C R. License Plate Detection and Recognition in Unconstrained Scenarios [C]. Proceedings of the 2018 European Conference on Computer Vision(ECCV),2018: 580-596.

[7] DONG C,LOY C C, HE K M,et al. Image Super-resolution Using Deep Convolutional Networks[J]. IEEE Transactions on Pattern Analysis and Machine Intelligence,2015,38(2): 295-307.

[8] KIM J,LEE J K, LEE K M. Accurate Image Super-resolution Using Very Deep Convolutional Networks[C]. Proceedings of the 2016 IEEE Conference on Computer Vision and Pattern Recognition (CVPR),2016: 1646-1654.

[9] DONG C,LOY C C, TANG X O. Accelerating the Super-resolution Convolutional Neural Network [C]. Proceedings of the 2016 European Conference on Computer Vision(ECCV),2016: 391-407.

[10] SHI W Z,CABALLERO J, HUSZÁR F,et al. Real-time Single Image and Video Super-resolution Using an Efficient Sub-Pixel Convolutional Neural Network[C]. Proceedings of the 2016 IEEE Conference on Computer Vision and Pattern Recognition(CVPR),2016: 1874-1883.

[11] LIM B,SON S,KIM H, et al. Enhanced Deep Residual Networks for Single Image Super-resolution [C]. Proceedings of the 2017 IEEE Conference on Computer Vision and Pattern Recognition Workshops(CVPRW),2017: 1132-1140.

[12] JIAO J B,TU W C,H S F, et al. FormResNet: Formatted Residual Learning for Image Restoration [C]. Proceedings of the 2017 IEEE Conference on Computer Vision and Pattern Recognition Workshops(CVPRW),2017: 1034-1042.

[13] FAN Y C,SHI H H, YU J H,et al. Balanced Two-stage Residual Networks for Image Super-resolution[C]. Proceedings of the 2017 IEEE Conference on Computer Vision and Pattern Recognition Workshops(CVPRW),2017: 1157-1164.

[14] KIM J,LEE J K,LEE K M. Deeply-recursive Convolutional Network for Image Super-Resolution [C]. Proceedings of the 2016 IEEE Conference on Computer Vision and Pattern Recognition (CVPR),2016: 1637-1645.

[15] TAI Y,YANG J,LIU X M. Image Super-resolution via Deep Recursive Residual Network[C]. Proceedings of the 2017 IEEE Conference on Computer Vision and Pattern Recognition(CVPR), 2017: 2790-2798.

[16] WANG Z W,LIU D, YANG J C,et al. Deep Networks for Image Super-resolution with Sparse Prior [C]. Proceedings of the 2015 IEEE International Conference on Computer Vision(ICCV),2015: 370-378.

[17] LAI W S,HUANG J B, AHUJA N,et al. Deep Laplacian Pyramid Networks for Fast and Accurate Super-resolution[C]. Proceedings of the 2017 IEEE Conference on Computer Vision and Pattern Recognition(CVPR),2017: 5835-5843.

[18] TONG T,LI G,LIU X J, et al. Image Super-resolution Using Dense Skip Connections[C]. Proceedings of the 2017 IEEE International Conference on Computer Vision(ICCV),2017: 4809-4817.

[19] XU J,CHAE Y,STENGER B, et al. Dense Bynet: Residual Dense Network for Image Super Resolution[C]. Proceedings of the 2018 IEEE International Conference on Image Processing(ICIP), 2018: 71-75.

[20] HARIS M,SHAKHNAROVICH G,UKITA N. Deep Back-projection Networks for Super-resolution [C]. Proceedings of the 2018 IEEE/CVF Conference on Computer Vision and Pattern Recognition (CVPR),2018: 1664-1673.

[21] REN H,EL-KHAMY M, LEE J. Image Super Resolution Based on Fusing Multiple Convolution Neural Networks[C]. Proceedings of the 2017 IEEE Conference on Computer Vision and Pattern Recognition Workshops(CVPRW),2017: 1050-1057.

[22] CHOI J S,KIM M. A Deep Convolutional Neural Network with Selection Units for Super-resolution [C]. Proceedings of the 2017 IEEE Conference on Computer Vision and Pattern Recognition Workshops(CVPRW),2017: 1150-1156.

[23] PARK S J,SON H, CHO S, et al. SRFeat: Single Image Super-resolution with Feature Discrimination[C]. Proceedings of the 2018 European Conference on Computer Vision(ECCV), 2018: 439-455.

[24] SEIBEL H,GOLDENSTEIN S, ROCHA A. Eyes on the Target: Super-resolution and License-Plate Recognition in Low-Quality Surveillance Videos[J]. IEEE Access,2017,6: 20020-20035.

[25] DONG Z,WU Y W,PEI M T, et al. Vehicle Type Classification Using a Semi-supervised Convolutional Neural Network[J]. IEEE Transactions on Intelligent Transportation Systems,2015, 16(4): 2247-2256.

[26] CHOPRA S,HADSELL R, LECUN Y. Learning a Similarity Metric Discriminatively, with Application to Face Verification[C]. Proceedings of the 2005 IEEE Computer Society Conference on Computer Vision and Pattern Recognition(CVPR),2005: 539-546.

[27] DONG C,LOY C C, HE K M, et al. Learning a Deep Convolutional Network for Image Super-resolution[C]. Proceedings of the 2014 European Conference on Computer Vision(ECCV),2014: 184-199.

第8章 多模型融合的渐进式车辆图像检索

CHAPTER 8

本章在第4章、第5章、第6章和第7章的基础上，将车辆检测和车辆检索相结合，研究一种面向城市视频监控图像的多模型融合的渐进式车辆图像检索方法。

8.1 引言

第5章至第7章从不同角度研究了车辆图像检索方法，但这些方法都是基于身份学习的方法，没有注重车辆的外观属性。当车牌不能被准确识别时，很难区分两个看上去很相似的车辆，如果从属性细节上进行考虑，有时会更容易做出正确的判断。如图8-1所示，车辆具有多个不同的类型属性和颜色属性，当用于匹配的车辆具有相同的颜色（如黑色）时，可以通过车辆的类型（如轿车、越野车）将其区分开来；当匹配的车辆具有相同的类型（如轿车）时，可以通过车辆的颜色（如黑色、棕色）将其区分开来。

图8-1 车辆属性及其在车辆图像检索中的应用

目前，多模态数据融合的车辆检索方法已经得到应用，例如，Xinchen Liu等（2017）设计了一个融合多级特征和多模态数据的渐进式车辆搜索框架，包含基于外观的相似车辆搜索、基于车牌匹配的精确车辆搜索以及基于时空信息的车辆重排序，通过数据融合实现了高效的车辆搜索任务。

因此，本章设计了一种多模型融合的渐进式车辆图像检索框架（Multi-model Fusion for Progressive Vehicle Re-Identification，MMFP），如图8-2所示。MMFP采用由粗到精的图

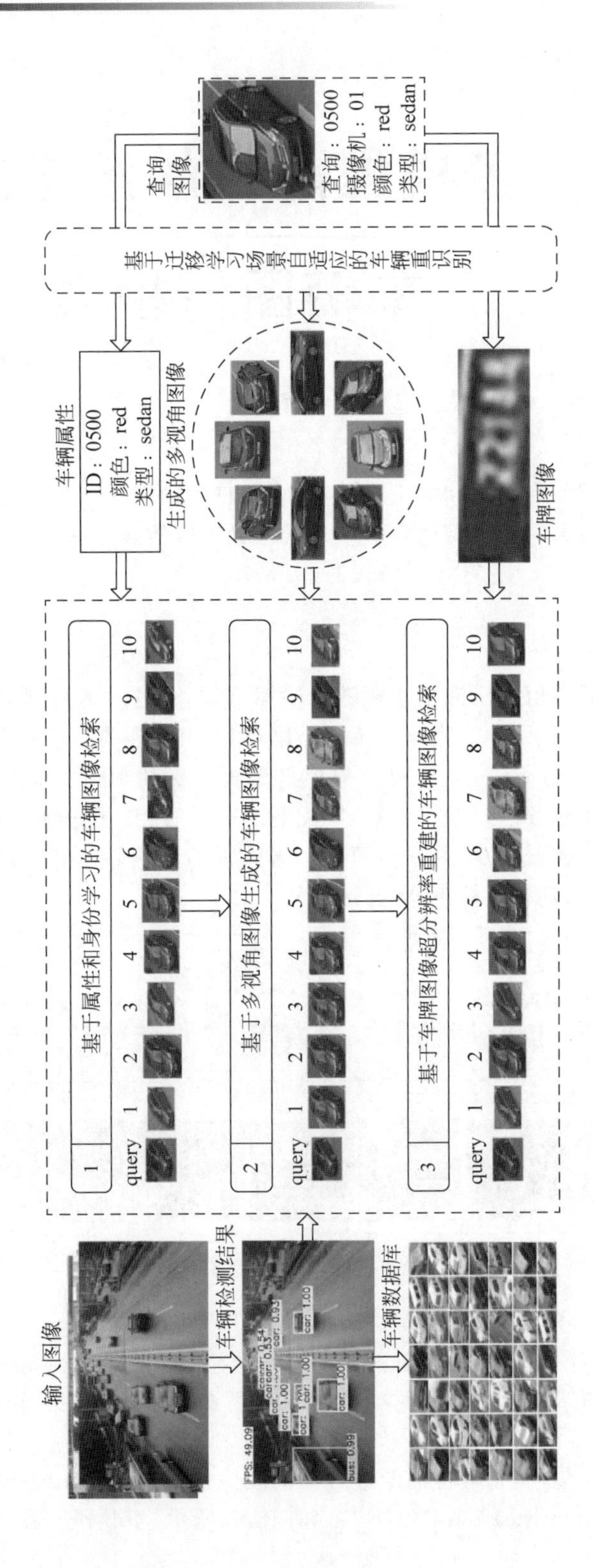

图 8-2 多模型融合的渐进式车辆图像检索框架

像检索思路,包括五部分内容：①基于连接-合并卷积神经网络的快速车辆检测方法(Connect-and-Merge Convolutional Neural Network for Fast Vehicle Detection,CMNet)；②基于迁移学习场景自适应的车辆图像检索方法(Transfer Learning Scenario Adaptation for Vehicle Re-Identification,TLSA)；③基于属性和身份学习的车辆图像检索方法(Attribute and Identity Learning for Vehicle Re-Identification,AIL)；④基于多视角图像生成的车辆图像检索方法(Multi-view Image Generation for Vehicle Re-Identification,MVIG)；⑤基于车牌图像超分辨率重建的车辆图像检索方法(License Plate Image Super-Resolution for Vehicle Re-Identification,LPSR)。前面的章节已经详细介绍了CMNet、TLSA、MVIG和LPSR,因此,本章首先介绍AIL,然后整体阐述MMFP。由于外观是车辆的直观特征,可以快速地将具有不同外观特征的车辆区分开,因此,在消除不同场景下图像风格的影响后,将AIL放在MMFP中车辆检索部分的第一步,实现由粗到精的渐进式车辆图像检索。

8.2 多模型融合的车辆图像检索框架

首先研究基于属性和身份学习的车辆图像检索方法,然后详细介绍多模型融合的渐进式车辆图像检索实现过程。

8.2.1 基于属性和身份学习的车辆图像检索方法

基于属性和身份学习的车辆图像检索方法(AIL)由两部分组成：①车辆属性识别网络(Vehicle Attribute Recognition Network,VARN),②基于多级车辆属性的特征匹配与排序。具体地,给定一张查询车辆图像和一组监控摄像机采集的车辆图像数据库,首先,VARN提取车辆深度特征并识别车辆的类型、颜色等多个属性；然后,将车辆的属性特征与其身份特征相结合,形成ReID特征；最后,计算两两车辆图像ReID特征之间的相似度,按照相似程度排序,实现初步的车辆图像检索。本节设计了两组实验：①在VeRi数据集上识别车辆的属性,实验表明,VARN可以准确地识别车辆的颜色和类型信息。②在VeRi数据集上设计了多组对比实验评估了AIL车辆图像检索的效果,实验表明,使用车辆属性与身份特征进行图像检索是有效的,同时猜测,更多的属性信息可以进一步提升AIL的效果。

1. 属性识别网络

为了获得丰富的车辆属性信息,在Baseline模型的基础上提出了面向多标签分类任务的车辆属性识别网络(VARN),如图8-3所示。VARN修改Baseline的网络结构,在计算分类损失之前增加M个全连接层。新的全连接层可表示为$FC_0,FC_1,\cdots,FC_M$,其中,FC_0用于车辆身份分类,FC_M用于属性分类,$M=2$是属性的个数。给定一张输入车辆图像,VARN同时预测该车辆的身份和一系列属性特征(包括车辆的颜色和类型),并将这些特征融合共同作为后续车辆图像检索的ReID特征。

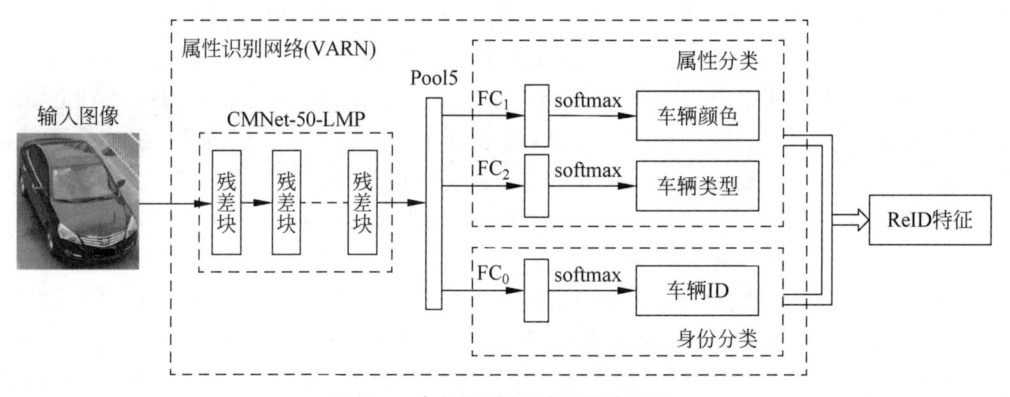

图 8-3 车辆属性识别网络的结构

2. 损失函数

VARN 修改 Baseline 的损失函数，假设有 N 张车辆图像，包含 K 个不同的身份，每个身份有 M 个属性。令 $D_i=\{x_i,d_i,l_i\}$ 作为训练集，其中，x_i 表示第 i 张车辆图像，d_i 表示图像 x_i 的 ID 标签，$l_i=\{l_i^1,l_i^2,\cdots,l_i^M\}$ 表示图像 x_i 的 M 个属性标签。

给定训练样本 x，车辆身份分类交叉熵损失函数计算如下：

$$L_{\mathrm{ID}}(f,d)=-\sum_{k=1}^{K}\log(p(k))q(k) \tag{8-1}$$

对于属性的预测，使用 M 个类似的分类损失。假定一个特定的属性具有 m 个类别(如车辆的颜色属性有 10 个类别：yellow、orange、green、gray、red、blue、white、golden、brown、black)，对于样本 x，分到第 j 类的概率可以写为

$$p(j\mid x)=\frac{\exp(z_j)}{\sum_{i=1}^{m}\exp(z_i)} \tag{8-2}$$

类似地，样本 x 的分类损失函数计算如下：

$$L_{\mathrm{att}}(f,l)=-\sum_{j=1}^{m}\log(p(j))q(j) \tag{8-3}$$

令 y_m 为正确的车辆属性标签，对于所有 $j\neq y_m$，使得 $q(y_m)=1$ 且 $q(j)=0$。

通过一个多属性分类损失函数和一个身份分类损失函数来训练 VARN 网络，以预测车辆的属性和身份信息。最终，VARN 网络的损失函数定义如下：

$$L=\lambda L_{\mathrm{ID}}+\frac{1}{M}\sum_{i=1}^{M}L_{\mathrm{att}} \tag{8-4}$$

其中，L_{ID} 和 L_{att} 分别表示身份分类和属性分类的交叉熵损失函数，参数 λ 用于平衡两个损失函数。

3. 基于属性和身份学习的车辆图像检索方法

给定查询车辆图像 I_q 和车辆图像数据库 $\{I_{g_i}\}_{i=1}^{N}$，VARN 首先获取每一张输入图像

的身份特征和属性特征，将多个特征融合并作为 AIL 模型的 ReID 特征，分别记为$\{f_{q_{\mathrm{ID}}}$，$f_{q_{\mathrm{color}}}$，$f_{q_{\mathrm{type}}}\}$和$\{f_{g_{i\mathrm{ID}}}, f_{g_{i\mathrm{color}}}, f_{g_{i\mathrm{type}}}\}_{i=1}^{N}$；然后利用欧氏距离计算查询车辆特征 $f_q=\{f_{q_{\mathrm{ID}}}$，$f_{q_{\mathrm{color}}}$，$f_{q_{\mathrm{type}}}\}$与车辆图像数据库中车辆特征 $f_{\{g_i\}_{i=1}^{N}}=\{f_{g_{i\mathrm{ID}}}, f_{g_{i\mathrm{color}}}, f_{g_{i\mathrm{type}}}\}_{i=1}^{N}$ 两两之间的相似度，并按照相似程度排序，获得最终的车辆图像检索结果。

4. 实验设置

首先评估车辆属性识别网络（VARN）的识别效果，然后探索基于属性和身份学习的车辆图像检索方法（AIL）的性能。实验基于 Darknet（VARN 部分）和 PyTorch（AIL 部分）网络框架实现，并在配置有 Intel Core i7-7700K CPU 和 NVIDIA GTX 1080Ti GPU 的 PC 上运行。

选取 VeRi 数据集进行实验，VeRi 数据集标注了车辆的身份 ID、采集摄像机 ID、车辆的颜色属性（如 yellow、orange、green、gray、red、blue、white、golden、brown、black）和车辆的类型属性（如 sedan、suv、van、hatchback、mpv、pickup、bus、truck、estate）。

训练 VARN 时，使用随机梯度下降算法（SGD）更新网络参数，整个网络迭代 50000 次，batch_size 设置为 64，动量（momentum）和权重衰减（decay）分别设置为 0.9 和 0.0005，初始学习率（learning_rate）设为 10^{-3}，并依次降低为 10^{-4} 与 10^{-5}。

车辆图像检索方法 AIL 采用与 5.5.2 节中 TLSA 模型相似的训练策略。具体地，整个网络训练 60 个 epoch，batch_size 设置为 64，学习率（learning_rate）初始为 0.05，且每迭代 20 个 epoch 后学习率以 0.1 倍递减。使用小批量的随机梯度下降算法（SGD）更新网络参数，在网络最后的卷积层之前使用 dropout 函数，并将其参数设置为 0.5。

5. 实验结果

对于车辆属性的识别，图 8-4 显示了 VARN 方法在 VeRi 数据集上的识别效果。从图中可以看到，VARN 可以准确地识别车辆的颜色和类型信息，从而为后续图像检索任务提供多维度的特征信息。

图 8-4 车辆属性识别示例

对于车辆图像检索任务，表8-1显示了AIL方法在VeRi数据集上与其他方法的对比情况。从表中可以看到，AIL获得了64.35%的mAP，同时Rank@1、Rank@5和Rank@20精度分别为91.77%、96.23%和98.30%。具体分析如下：

表8-1 AIL与经典的车辆图像检索方法在VeRi数据集上的结果比较(%)

方　法	mAP	Rank@1	Rank@5	Rank@20
BOW-SIFT	1.51	1.91	4.53	—
LOMO	9.03	23.89	40.32	58.61
BOW-CN	12.20	33.91	53.69	—
DGD	17.92	50.70	67.52	79.93
FACT	18.54	52.35	67.16	79.97
XVGAN	24.65	60.20	77.03	88.14
ABLN-Ft-16	24.92	60.49	77.33	88.27
SCCN-Ft+CLBL-8-Ft	25.12	60.83	78.55	89.79
FACT+Plate-SNN+STR	27.77	61.44	78.78	—
NuFACT	48.47	76.76	91.42	—
VAMI	50.13	77.03	90.82	97.16
PROVID	53.42	81.56	95.11	—
JFSDL	53.53	82.90	91.60	—
Siamese-CNN+Path-LSTM	58.27	83.49	90.04	—
GSTE loss W/mean VGGM	59.47	96.24	98.97	—
VAMI+STR	61.32	85.92	91.84	97.70
Baseline	60.01	89.63	95.47	96.84
TLSA	23.75	44.26	52.60	75.86
MVIG	63.16	91.06	95.77	98.57
LPSR	67.72	92.48	97.47	98.20
AIL	64.35	91.77	96.23	98.30

(1) 与Baseline相比，AIL性能有大幅度的提升，在mAP、Rank@1、Rank@5和Rank@20精度方面分别提高了4.34%、2.14%、0.76%和1.46%，表明获取车辆的颜色和类型信息，可以有效地提升车辆图像检索的性能。由于VeRi数据集仅标注了车辆的颜色和类型信息，因此我们猜测当获取更多的车辆信息时，如品牌、排量、车门数目、座位数目等，AIL检索的效果会更加显著。

(2) 与本书提出的TLSA(第5章)、MVIG(第6章)和LPSR(第7章)方法相比，AIL的mAP精度高于TLSA和MVIG，表明获取更多的车辆属性特征，可大幅度提升车辆图像检索的性能；同时AIL的mAP精度明显低于LPSR，表明车牌验证在车辆图像检索中的作用是显著的。

(3) 与其他方法相比，AIL取得了最佳的检索效果，表明AIL方法在车辆图像检索任务中的有效性。

8.2.2 多模型融合的车辆图像检索框架

为了在大规模的城市视频监控图像中追踪到特定的查询车辆，本章提出了多模型融合的渐进式车辆图像检索框架，如图 8-2 所示，该框架的实现过程如下：

(1) 给定一个查询车辆图像 I_q。

(2) 输入待查询车辆图像或监控视频，利用快速车辆检测方法识别并定位图像或视频中的每一个车辆，将检测到的车辆记为$\{I_{g_i}\}_{i=1}^{N}$。

(3) 利用多个渐进关系的车辆图像检索模型，将 I_q 与$\{I_{g_i}\}_{i=1}^{N}$ 中的每一张车辆图像进行匹配，这些车辆图像检索模型包括基于迁移学习场景自适应的车辆图像检索方法、基于属性和身份学习的车辆图像检索方法、基于多视角图像生成的车辆图像检索方法和基于车牌图像超分辨率重建的车辆图像检索方法。

(4) 将 I_q 与$\{I_{g_i}\}_{i=1}^{N}$ 匹配的结果，按照相似程度进行排序，获得最终的车辆图像检索结果。

多模型融合的渐进式车辆图像检索框架涉及的知识领域主要有目标检测、迁移学习、多标签分类、生成对抗网络、图像超分辨率重建以及图像检索。表 8-2 显示了多模型融合的渐进式车辆图像检索方法的组成，具体介绍如下：

表 8-2　多模型融合的渐进式车辆图像检索方法的组成

CMNet(4.3 节)			
VTGAN(5.3 节)	VARN(8.2.1 节)	MV-GAN(6.3 节)	FLPNet(7.3 节)
TLSA(5.4 节)	AIL(8.2.1 节)	MVIG(6.4 节)	SRLP-GAN(7.4 节)
			SNN-LPM(7.5 节)
			LPSR(7.5 节)

1) 基于连接-合并卷积神经网络的快速车辆检测方法(CMNet)

CMNet 涉及目标检测领域的知识，车辆检测是指从城市监控图像或视频中识别出所有的车辆，并将这些车辆图像用于后续的图像检索任务。在车辆检测任务中，使用连接-合并残差网络(CMRN)提取车辆特征，利用多尺度预测网络(MSPN)获取精准的车辆包围框，可以实时地检测到图像或视频中的运动车辆，将检测到的车辆记为$\{I_{g_i}\}_{i=1}^{N}$。

2) 基于迁移学习场景自适应的车辆图像检索方法(TLSA)

TLSA 涉及迁移学习和图像检索领域的知识，该方法在 CMNet 检测的结果$\{I_{g_i}\}_{i=1}^{N}$上进行研究。当查询车辆图像 I_q 与车辆图像数据库$\{I_{g_i}\}_{i=1}^{N}$ 中的图像风格不一致时，利用车辆迁移生成对抗网络(VTGAN)把源域 I_q 的图像风格转换成目标域$\{I_{g_i}\}_{i=1}^{N}$ 的图像风格，提取具有目标域风格的查询车辆图像和车辆图像数据库中图像的深度特征，计算特征向量之间的欧氏距离，获得跨域场景下的车辆图像检索结果，记为 Result。

3) 基于属性和身份学习的车辆图像检索方法(AIL)

AIL 涉及多标签分类和图像检索领域的知识，当存在跨域场景的情况时，该方法在

VTGAN 转换后的图像上进行研究，否则，该方法基于 CMNet 的检测结果$\{I_{g_i}\}_{i=1}^{N}$进行研究。虽然 AIL 方法在第 8 章提出，但是利用颜色、类型等外观属性可以快速地对相似车辆进行粗略筛选，因此在多模型融合的车辆图像检索框架中需要首先考虑。使用车辆属性识别网络（VARN）获取车辆的颜色、类型等外观特征，结合车辆的身份信息，可以在车辆图像数据库$\{I_{g_i}\}_{i=1}^{N}$中搜索到与查询车辆图像I_q外观相似的车辆，计算特征向量之间的欧氏距离，将结果按照相似程度排序，获得初步的车辆图像检索结果，记为 Result1。

4）基于多视角图像生成的车辆图像检索方法（MVIG）

MVIG 涉及生成对抗网络和图像检索领域的知识，当跨场景时，该方法在 VTGAN 转换后的图像上进行研究，否则，该方法基于车辆数据集$\{I_{g_i}\}_{i=1}^{N}$进行研究。在以上结果中，车辆图像$\{I_{g_i}\}_{i=1}^{N}$的视角是单一的，当与查询车辆图像I_q的视角不同时，很难辨别它们是同一个车辆，这时需要利用多视角生成对抗网络（MV-GAN）将单一视角的车辆图像（包括I_q和$\{I_{g_i}\}_{i=1}^{N}$）转换成同一身份车辆的多个视角的图像，这样可以获得该车辆更多隐藏的特征信息。对于每一个车辆图像，融合原始图像和 MV-GAN 生成的多视角图像，获得其融合特征，同样计算特征向量之间的欧氏距离，并按照相似程度进行排序，获得车辆图像检索的结果，记为 Result2。

5）基于车牌图像超分辨率重建的车辆图像检索方法（LPSR）

LPSR 涉及目标检测、超分辨率重建和图像检索领域的知识，当跨场景时，该方法基于 VTGAN 转换后的图像进行研究；否则，该方法基于车辆数据集$\{I_{g_i}\}_{i=1}^{N}$进行研究。在以上结果中，首先使用快速车牌检测网络（FLPNet）获得I_q与$\{I_{g_i}\}_{i=1}^{N}$中每一个车辆的车牌图像并进行扭曲校正，然后利用超分辨率生成对抗网络（SRLP-GAN）将低分辨率的车牌图像转换成高分辨率的图像，最后使用孪生神经网络（SNN-LPM）匹配两两车牌图像的相似程度，从而获得最终的车辆图像检索结果，记为 Result3。

在 CMNet 检测到车辆图像之后，以上 4 个不同的车辆图像检索方法（TLSA、AIL、MVIG 和 LPSR）可以独立使用，也可以按照渐进的关系联合使用，实验证明，联合使用以上车辆图像检索方法可以获得更好的结果。

8.3 综合实验设计

本节设计多模型融合的渐进式车辆图像检索实验，基于 Darknet、PyTorch、TensorFlow 框架实现，在配置有 Intel Core i7-7700K CPU 和 NVIDIA GTX 1080Ti GPU 的 PC 机运行。

8.3.1 车辆图像检索融合算法

给定查询车辆图像I_q，利用 CMNet 模型获得车辆图像数据库$\{I_{g_i}\}_{i=1}^{N}$。接下来执行以下方法：

(1) 基于迁移学习的车辆图像检索方法(TLSA)转换 I_q 与$\{I_{g_i}\}_{i=1}^N$ 中车辆图像的风格,通过消除不同场景对车辆图像检索结果的影响,获得 I_q 与$\{I_{g_i}\}_{i=1}^N$ 中两两图像之间的相似度,表示为

$$S_{\text{TLSA}}(I_q,\{I_{g_i}\}_{i=1}^N)=[a_1,a_2,\cdots,a_N] \tag{8-5}$$

(2) 基于属性和身份学习的车辆图像检索方法(AIL)计算 I_q 与$\{I_{g_i}\}_{i=1}^N$ 中两两图像之间的相似度,形成 $1\times N$ 的矩阵,表示为

$$S_{\text{AIL}}(I_q,\{I_{g_i}\}_{i=1}^N)=[b_1,b_2,\cdots,b_N] \tag{8-6}$$

(3) 基于多视角图像生成的车辆图像检索方法(MVIG)获得 I_q 与$\{I_{g_i}\}_{i=1}^N$ 中两两图像之间的相似度,表示为

$$S_{\text{MVIG}}(I_q,\{I_{g_i}\}_{i=1}^N)=[c_1,c_2,\cdots,c_N] \tag{8-7}$$

(4) 基于车牌图像超分辨率重建的车辆图像检索方法(LPSR)获得 I_q 与$\{I_{g_i}\}_{i=1}^N$ 中两两图像之间的相似度,表示为

$$S_{\text{LPSR}}(I_q,\{I_{g_i}\}_{i=1}^N)=[d_1,d_2,\cdots,d_N] \tag{8-8}$$

以上渐进式车辆图像检索方法,每一个方法执行完成后都会计算 I_q 与$\{I_{g_i}\}_{i=1}^N$ 的相似度,并将计算结果重新排序。在多模型融合方法中,TLSA、AIL、MVIG 和 LPSR 对最终结果的贡献程度不同,因此,利用一个单层感知机学习以上相似度表示的参数,并将这些参数融合表示为

$$\begin{aligned}S(I_q,\{I_{g_i}\}_{i=1}^N)=&\alpha S_{\text{TLSA}}(I_q,\{I_{g_i}\}_{i=1}^N)+\beta S_{\text{AIL}}(I_q,\{I_{g_i}\}_{i=1}^N)+\\&\gamma S_{\text{MVIG}}(I_q,\{I_{g_i}\}_{i=1}^N)+\delta S_{\text{LPSR}}(I_q,\{I_{g_i}\}_{i=1}^N)\end{aligned} \tag{8-9}$$

其中,$S(I_q,\{I_{g_i}\}_{i=1}^N)$为 I_q 与$\{I_{g_i}\}_{i=1}^N$ 最终的相似度,同时 $\alpha+\beta+\gamma+\delta=1$。

8.3.2 综合实验设计

设计基于城市视频监控的车辆图像检索综合实验,实验分成 6 组进行,包括快速车辆检测、基于图像风格迁移的车辆图像检索、基于属性和身份学习的车辆图像检索、基于多视角图像生成的车辆图像检索、基于车牌图像超分辨率重建的车辆图像检索以及多模型融合的车辆图像检索。详细的实验设置分别如表 8-3、表 8-4、表 8-5、表 8-6、表 8-7 和表 8-8 所示。

表 8-3　实验 1:快速车辆检测

实验编号	01	实验名称	快速车辆检测(CMNet)
实验目的	给定监控图像或视频,快速检测所有车辆		
实验框架	Darknet		
数据集	KITTI 测试集、UA-DETRAC 测试集		
输入	城市监控车辆图像		
过程	1. 读取测试集图像 2. 检测所有车辆,使用包围框标注车辆的位置、并给出检测的准确率		
输出	检测到的所有车辆图像,记为 Gallery		

表 8-4　实验 2：基于图像风格迁移的车辆图像检索

实验编号	02	实验名称	基于图像风格迁移的车辆图像检索(TLSA)
实验目的	通过转换图像风格消除场景对检索结果的影响，实现跨域场景下的车辆图像检索		
实验框架	PyTorch		
数据集	VeRi 数据集、VRIC 数据集		
输入	1. 查询车辆图像 Query 2. 车辆图像数据库 Gallery		
过程	1. 读取查询车辆图像 Query 和图像数据库 Gallery 中的所有车辆图像 2. 利用 VTGAN 将 Query 图像的风格转换成 Gallery 中车辆图像的风格 3. 使用 TLSA 匹配 Query 与 Gallery 中的所有车辆图像 4. 将匹配结果按照相似程度排序		
输出	相似程度最高的 20 个车辆图像，记为 Result		

表 8-5　实验 3：基于属性和身份学习的车辆图像检索

实验编号	03	实验名称	基于属性和身份学习的车辆图像检索(AIL)
实验目的	通过丰富的车辆属性特征，实现车辆图像检索。当存在跨域场景时，基于 VTGAN 转换后的车辆图像，实现车辆图像检索		
实验框架	Darknet、PyTorch		
数据集	VeRi 数据集		
输入	1. 查询车辆图像 Query 2. 车辆图像数据库 Gallery(或 VTGAN 转换后的车辆图像数据库 Gallery′)		
过程	1. 读取 Query 和 Gallery(或 Gallery′)中的所有车辆图像 2. 利用 VARN 识别所有输入车辆图像的颜色和类型特征 3. 使用 AIL 匹配 Query 与 Gallery(或 Gallery′)中的所有车辆图像 4. 将匹配结果按照相似程度排序		
输出	相似程度最高的 20 个车辆图像，记为 Result1		

表 8-6　实验 4：基于多视角图像生成的车辆图像检索

实验编号	04	实验名称	基于多视角图像生成的车辆图像检索(MVIG)
实验目的	通过增强车辆图像，实现准确的车辆图像检索。当存在跨域场景时，基于 VTGAN 转换后的车辆图像，进一步提升车辆图像检索的效果		
实验框架	TensorFlow、PyTorch		
数据集	VeRi 数据集		
输入	1. 查询车辆图像 Query 2. 车辆图像 Gallery 或 Gallery′		
过程	1. 读取输入的车辆图像 2. 利用 MV-GAN 将输入的单视角车辆图像转换成多个视角(8 个)的车辆图像 3. 提取原始图像与生成的多视角车辆图像的特征，并融合其特征 4. 使用 MVIG 匹配 Query 与 Gallery(或 Gallery′)中的所有车辆图像 5. 将匹配结果按照相似程度排序		
输出	相似程度最高的 20 个车辆图像，记为 Result2		

表 8-7　实验 5：基于车牌图像超分辨率重建的车辆图像检索

实验编号	05	实验名称	基于车牌图像超分辨率重建的车辆图像检索(LPSR)
实验目的	通过检测并增强车牌图像，实现精确的车辆图像检索。当存在跨域场景时，基于VTGAN转换后的车辆图像，提升车辆图像检索的效果		
实验框架	Darknet、PyTorch		
数据集	BITVehicle-Plate 数据集、VeRi-Plate 数据集、VeRi 数据集		
输入	1. 查询车辆图像 Query 2. 给定的车辆图像 Gallery 或生成的 Gallery′		
过程	1. 读取获得的车辆图像 2. 利用 FLPNet 检测输入车辆图像的车牌图像，并扭转偏斜的车牌图像 3. 利用 SRLP-GAN 将低分辨率的车牌图像恢复成高分辨率的车牌图像 4. 利用 SNN-LPM 验证查询车辆的车牌图像与 Gallery(或 Gallery′)中车辆的车牌图像是否匹配 5. 使用 LPSR 匹配 Query 与 Gallery(或 Gallery′)中的所有车辆图像 6. 将匹配结果按照相似程度排序		
输出	相似程度最高的 20 个车辆图像，记为 Result3		

表 8-8　实验 6：多模型融合的渐进式车辆图像检索

实验编号	06	实验名称	多模型融合的渐进式车辆图像检索(MMFP)
实验目的	融合不同车辆图像检索方法的结果，提升整体图像检索的效果		
实验框架	PyTorch		
数据集	VeRi 数据集		
输入	1. Result 相似度矩阵 2. Result1 相似度矩阵 3. Result2 相似度矩阵 4. Result3 相似度矩阵		
过程	1. 读取 4 个输入结果的相似度矩阵 2. Result、Result1、Result2 和 Result3 乘以式(8-9)中的相应的相似度参数		
输出	按照相似程度重新排序的 20 个车辆图像，记为 ResultFinal		

8.3.3　实验运行环境

(1) 整个实验使用的硬件设备配置如下：

内存：32GB

处理器：Intel® Core™ i7-7700K CPU @ 4.20GHz×8

显卡：GeForce GTX 1080 Ti(11GB)

硬盘：1.1TB

(2) 整体实验使用的软件环境配置如下：

Ubuntu 16.04

CUDA 8.0
Cudnn 6.0
Opencv 3.1
Matlab R2017b
Python 3.6
Numpy 1.16.4
Darknet 深度学习工具包
Pytorch 深度学习工具包
TensorFlow 深度学习工具包

8.4 综合实验与分析

本书各章节已经对提出的算法进行了实验评估与分析，本节主要进行综合实验，将各章节基于不同模型的算法相结合，分析多模型决策结果融合的车辆图像检索的整体性能。受到现有数据集的限制(KITTI 数据集和 UA-DETRAC 数据集仅用于检测，VeRi 数据集仅用于检索)，将实验分成车辆图像检测和车辆图像检索两大部分，但是在实际的应用中，两个实验是不可分割的整体，车辆检测是车辆检索的前提条件。

8.4.1 车辆图像检测

图 8-5 展示了快速车辆检测方法(CMNet)分别在 KITTI 数据集和 UA-DETRAC 数据

图 8-5 车辆检测结果示例

集上的检测效果。从结果示例可以看到：

(1) CMNet能够有效检测不同场景下的车辆，包括不同数据集、不同天气条件和光照强度等。

(2) CMNet可以检测到不同尺寸的车辆，检测结果使用包围框标注车辆的位置，且包围框与车辆的形状相匹配。

(3) 检测结果可以初步判断车辆的类型，如car、bus、truck等，同时标注车辆属于该类型的概率。

(4) 在KITTI数据集和UA-DETRAC数据集上，CMNet均实现了实时检测(FPS大于25)。

8.4.2 车辆图像检索

本节在VeRi数据集上评估多模型融合的渐进式车辆图像检索框架的整体性能。为了更好地展示实验效果，本节将基于迁移学习的车辆图像检索方法与其他方法分开，单独进行评估。MMFP以Baseline作为参照基准，逐步整合多种增强算法，依次为基于属性和身份学习的车辆图像检索(AIL)、基于多视角图像生成的相似度重排序(MVIG)、基于车牌图像超分辨率重建的精确车辆图像检索(LPSR)。同时，以同样的整合方式评估了跨域车辆图像检索方法(TLSA)的性能表现。采用Rank@1、Rank@5、Rank@20精度以及mAP进行评价，其中评价指标的详细定义参见5.5.2节。

方法一：基准方法(Baseline)。该方法利用身份信息直接进行车辆匹配，从而实现车辆的检索。该方法作为基准方法，为后续改进的方法提供参考标准。

方法二：属性和身份学习(AIL)。该方法在Baseline的基础上识别车辆的外观属性，包括车辆的颜色和类型，将车辆的身份和属性特性相结合实现图像检索任务。

方法三：多视角图像生成(AIL+MVIG)。该方法在方法二的基础上将单视角的车辆图像转换成多个视角的增强图像，通过融合原始图像和增强图像的特征提升图像检索的性能。

方法四：车牌图像超分辨率重建(AIL+MVIG+LPSR)。该方法在方法三的基础上增加车牌验证过程，利用超分辨率重建技术将检测到的低分辨率车牌图像恢复成高分辨率车牌图像，实现精确的车辆图像检索效果。

方法五：迁移学习基准方法(TLSA)。该方法用于跨数据域的车辆图像检索任务，通过将源域的车辆图像转换成目标域车辆图像的风格，实现在目标域上的检索任务。该方法作为跨域图像检索的基准方法，用于验证后续改进方法的有效性。

方法六：基于迁移学习的多个增强算法(TLSA+AIL、TLSA+AIL+MVIG和TLSA+AIL+MVIG+LPSR)。该组方法包括3个算法，以跨域图像检索为背景，算法的增强过程依次类似于方法二、方法三和方法四，用于验证属性和身份学习、多视角图像生成和车牌图像超分辨率重建方法在跨域场景下车辆图像检索的效果。

表8-9显示了上述方法在VeRi数据集上的实验结果，从对比结果中可以发现：

(1) 增加车辆的属性特征可以有效提升车辆图像检索的效果。受到数据集标注信息的限制，本章仅利用了车辆的颜色和类型这两个属性。本章猜测，如果识别更多的属性信息，如车辆的品牌、排量、车门数目、座位数目等，可以进一步提升图像检索的效果。

(2) 将单视角的车辆图像转换成多视角的车辆图像，并融合其特征，可以进一步提升车辆图像检索的效果，同时验证了车辆图像增强的有效性。

(3) 增加高分辨率的车牌图像验证过程，可以显著提升车辆图像检索的性能，说明车牌识别在车辆图像检索任务中具有重要的作用。

(4) 在跨域的车辆图像检索任务中，即使利用迁移学习的方法将源域的车辆图像转换成了目标域的图像风格，车辆图像检索的效果也会大幅度地下降。

(5) 在跨域的背景下，利用属性和身份学习、多视角图像生成和车牌图像超分辨率重建的方法可以一定程度上提升车辆图像检索的效果，其效果的提升类似于非跨域的情况，但是其检索的性能仍然比 Baseline 低很多。

(6) 由于受到车牌数据集的限制，对于跨域场景下的车牌增强方法未做实验。

(7) 随着不同检索模型的融合，车辆图像检索过程消耗的时间不断增加，根据 4.4 节中车辆检测的时间以及表 8-9 中车辆图像检索的时间，可以得到，大规模城市监控场景下渐进式车辆图像检索框架 MMFP 的时间消耗大约为 0.3s。

表 8-9　不同车辆图像检索方法在 VeRi 数据集上的结果对比(%)

方　法	mAP	Rank@1	Rank@5	Rank@20	运行时间(s)
Baseline	60.01	89.63	95.47	96.84	0.034
AIL	64.35	91.77	96.23	98.30	0.042
AIL＋MVIG	67.22	92.53	96.87	98.79	0.173
AIL＋MVIG＋LPSR	73.54	94.60	98.45	99.55	0.235
TLSA	23.75	44.26	52.60	75.86	0.048
TLSA＋AIL	26.84	47.32	55.88	79.13	0.084
TLSA＋AIL＋MVIG	27.25	47.93	56.69	80.02	0.226
TLSA＋AIL＋MVIG＋LPSR	—	—	—	—	—

图 8-6 展示了不同模型融合的车辆图像检索方法在 VeRi 数据集上的对比情况。图中左边为查询车辆图像，右边四行分别代表方法 AIL、AIL＋MVIG、AIL＋MVIG＋LPSR 和 TLSA 检索的结果。对于图像检索任务，在车辆检索结果的图像上面显示了排序编号，其中带有方框的编号为正确的检索结果、不带方框的编号为错误的检索结果。可以看到，渐进式多模型融合的方法，可以不断提高检索结果的正确率。同时，基于跨域的车辆检索结果不佳，仍然需要深入研究，进一步提升其准确率。

图 8-7 展示了在不同的摄像机下利用多模型融合的车辆图像检索框架检索目标车辆的应用情况。从图中看到，当检索到目标车辆后，将目标车辆所在的摄像机在城市交通地图中连接起来，可以识别目标车辆的运动轨迹，为城市视频监控图像中准确的车辆图像检索提供辅助决策依据。

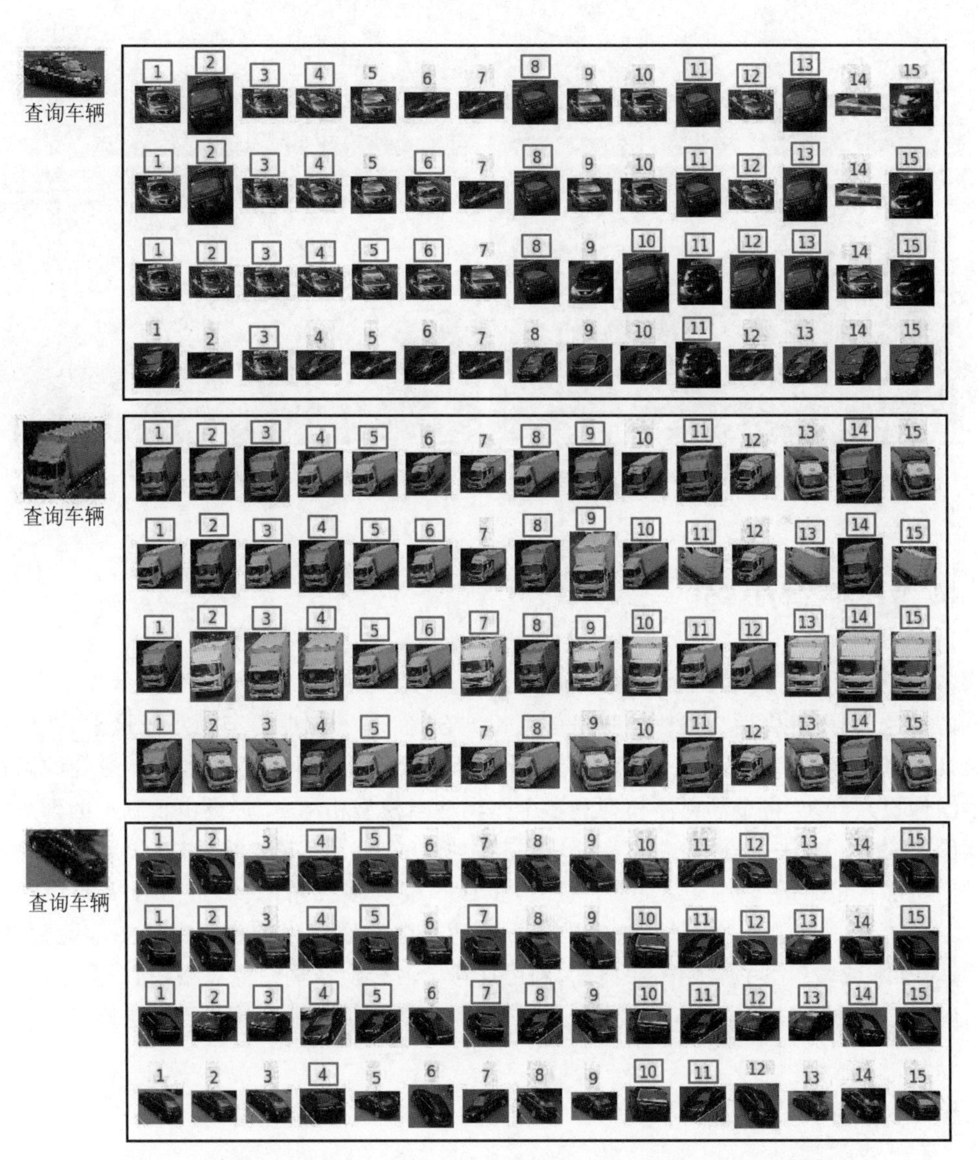

图 8-6 多模型融合的渐进式车辆图像检索框架在 VeRi 数据集上的结果示例

图 8-7 利用多模型融合的渐进式车辆图像检索框架在城市监控视频中检索目标车辆

8.5 本章小结

本章包括两部分内容：第一部分，提出了基于属性和身份学习的车辆图像检索方法，将车辆的颜色、类型等属性与车辆的身份信息相结合，实现了初步的车辆图像检索，并通过实验验证了基于属性和身份学习模型的有效性；第二部分，设计了一种多模型融合的渐进式车辆图像检索框架，将车辆检测模型和多个车辆检索模型相结合，形成由粗到细的渐进式的车辆图像检索。首先，车辆检测模型获取视频中所有的运动车辆；然后，基于属性和身份学习的模型实现粗略的车辆图像检索；接着，生成车辆的多视角图像，进一步提升检索的效果；之后，检测并识别车牌，利用超分辨率重建的车牌图像实现精确的车辆图像检索任务；最后，对于跨域场景下的车辆图像检索，利用迁移学习转换车辆图像风格，并与属性识别、多视角图像生成、车牌超分辨率重建等方法结合，提升了跨域场景下的车辆图像检索效果。

参考文献

[1] LIU X C,LIU W, MEI T,et al. PROVID: Progressive and Multimodal Vehicle Reidentification for Large-scale Urban Surveillance[J]. IEEE Transactions on Multimedia,2018,20(3): 645-658.

[2] LIU X C,LIU W,MA H D, et al. Large-scale Vehicle Re-identification in Urban Surveillance Videos [C]. Proceedings of the 2016 IEEE International Conference on Multimedia and Expo(ICME),2016: 1-6.

[3] LIU X C, LIU W, MEI T, et al. A Deep Learning-based Approach to Progressive Vehicle Re-identification for Urban Surveillance[C]. Proceedings of the 2016 European Conference on Computer Vision(ECCV), 2016: 869-884.

[4] PASZKE A, GROSS S, CHINTALA S, et al. Automatic Differentiation in PyTorch[C]. Proceedings of the 2017 Neural Information Processing Systems(NIPS), 2017.

[5] SRIVASTAVA N, HINTON G, KRIZHEVSKY A, et al. Dropout: A Simple Way to Prevent Neural Networks from Overfitting[J]. Journal of Machine Learning Research, 2014, 15(1): 1929-1958.

[6] LIAO S C, HU Y, ZHU X Y, et al. Person Re-identification by Local Maximal Occurrence Representation and Metric Learning[C]. Proceedings of the 2015 IEEE Conference on Computer Vision and Pattern Recognition(CVPR), 2015: 2197-2206.

[7] ZHENG L, WANG S J, ZHOU W G, et al. Bayes Merging of Multiple Vocabularies for Scalable Image Retrieval[C]. Proceedings of the 2014 IEEE Conference on Computer Vision and Pattern Recognition(CVPR), 2014: 1963-1970.

[8] ZHENG L, SHEN L Y, TIAN L, et al. Scalable Person Re-identification: A Benchmark[C]. Proceedings of the 2015 IEEE International Conference on Computer Vision(ICCV), 2015: 1116-1124.

[9] XIAO T, LI H S, QUYANG W L, et al. Learning Deep Feature Representations with Domain Guided Dropout for Person Re-identification[C]. Proceedings of the 2016 IEEE Conference on Computer Vision and Pattern Recognition(CVPR), 2016: 1249-1258.

附录A 本书实验用到的数据集

APPENDIX A

1. UA-DETRAC 数据集

   链接：https://pan.baidu.com/s/1HGpxehIfKbC6Yi4DJO1WbQ

   提取码：pyfa

2. KITTI 数据集

   链接：https://pan.baidu.com/s/1Vg-AQad3oDNmNkb48FF5KQ

   提取码：hak5

3. VeRi 数据集

   链接：https://pan.baidu.com/s/1qVz4oVRak9Ts9gIYSe5myw

   提取码：sywb

4. VehicleID 数据集

   链接：https://pan.baidu.com/s/1WbeSaX1hRrpxrIH37flbVw

   提取码：0vfn

5. VRIC 数据集

   链接：https://pan.baidu.com/s/1d9qyX4nBpn38dF_5rUAJLg

   提取码：ec5a

6. VeRi-plate 数据集

   链接：https://pan.baidu.com/s/1LKPgsQUKCN_oZuRdH00SWw

   提取码：hi19

附录 B 本书实验使用的源代码

APPENDIX B

1. 车辆图像检测源代码

   链接：https://pan.baidu.com/s/1KuGfsXcVfIwBLymVvhvfGQ

   提取码：3v37

2. 车辆图像检索 Baseline 源代码

   链接：https://pan.baidu.com/s/1gOCm3fk74FfoYuxVsSjn3A

   提取码：s8c2

3. 迁移学习源代码

   链接：https://pan.baidu.com/s/1Ckc5pAqfR6sDmfcVD-0MrQ

   提取码：l9eg

4. 多视角车辆姿态定位源码

   链接：https://pan.baidu.com/s/1tkIya2kj-UBxTCXtB7JhGA

   提取码：6urp

5. 图像生成源代码

   链接：https://pan.baidu.com/s/1bpkIfemQRjsb2c-9GIwWuQ

   提取码：v0dx

6. 图像超分辨率重建源代码

   链接：https://pan.baidu.com/s/1kS7TDzhhtDxTISviBWEgNA

   提取码：w8p9

图书资源支持

感谢您一直以来对清华大学出版社图书的支持和爱护。为了配合本书的使用，本书提供配套的资源，有需求的读者请扫描下方的“书圈”微信公众号二维码，在图书专区下载，也可以拨打电话或发送电子邮件咨询。

如果您在使用本书的过程中遇到了什么问题，或者有相关图书出版计划，也请您发邮件告诉我们，以便我们更好地为您服务。

我们的联系方式：

地　　址：北京市海淀区双清路学研大厦 A 座 714

邮　　编：100084

电　　话：010-83470236　010-83470237

资源下载：http://www.tup.com.cn

客服邮箱：tupjsj@vip.163.com

QQ：2301891038（请写明您的单位和姓名）

教学资源・教学样书・新书信息

人工智能科学与技术
人工智能|电子通信|自动控制

资料下载・样书申请

书圈

用微信扫一扫右边的二维码，即可关注清华大学出版社公众号。